Lambacher Schweizer 7

Mathematik für Gymnasien

Rheinland-Pfalz

herausgegeben von
Matthias Janssen

erarbeitet von
Petra Hillebrand
Joachim Krick

Ernst Klett Verlag
Stuttgart · Leipzig

Inhalt

Teilbarkeit

1 Notiere zuerst in der Produktschreibweise. Schreibe dann die Teilermenge auf.

a) Teiler von 40

$40 = 1 \cdot 40$

$40 =$

$T_{40} = \{$ …… $\}$

b) Teiler von 104

$T_{104} = \{$ …… $\}$

2 Notiere alle Vielfachen zwischen 55 und 101.

a) V_{12}: ______

b) V_9: ______

c) V_{28}: ______

d) V_{51}: ______

e) V_{11}: ______

f) Markiere gemeinsame Vielfache aus Teilaufgabe a) und b) (Vielfache von 12 und 9).

g) Wie lautet das kleinste gemeinsame Vielfache von 12 und 9? ______

3 Teiler oder Vielfache? Ordne richtig zu und schreibe in die Fähnchen: T▪ oder V▪.
Handelt es sich um Vielfache, so schreibe die zwei nächsten noch in das Oval dazu und füge „..." für weitere ein.

a)
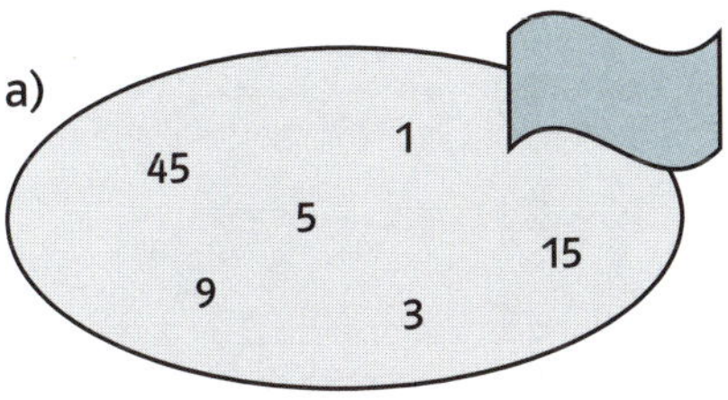

b)
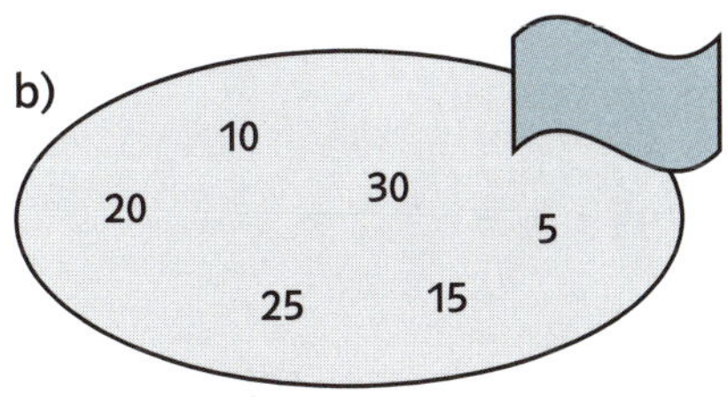

c)
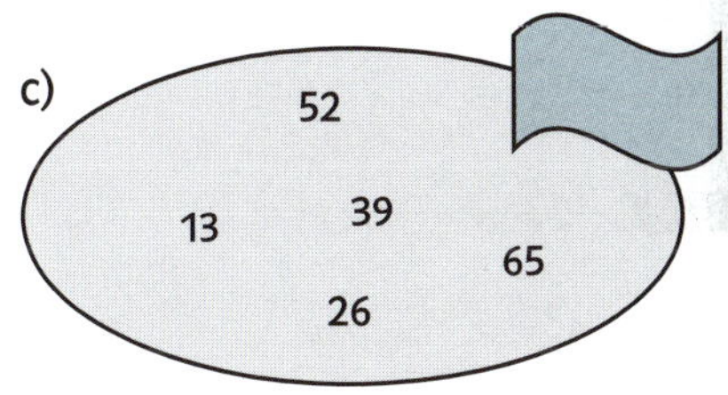

d)
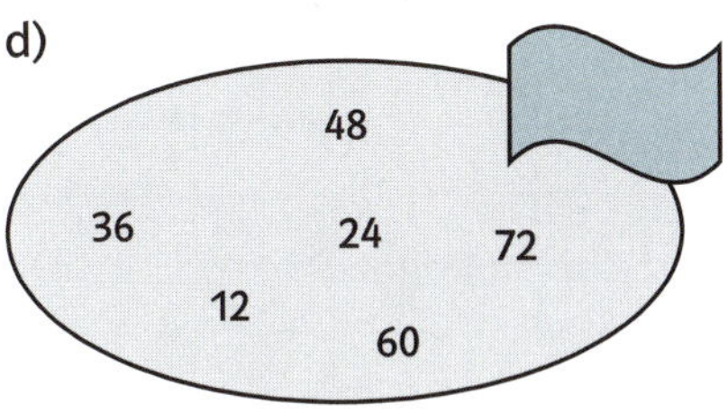

e)
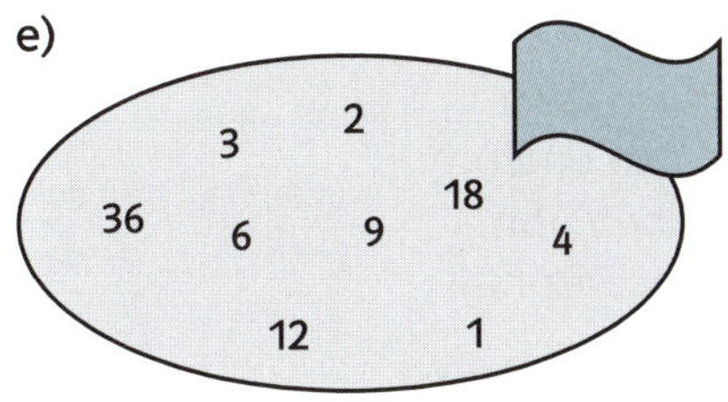

f)
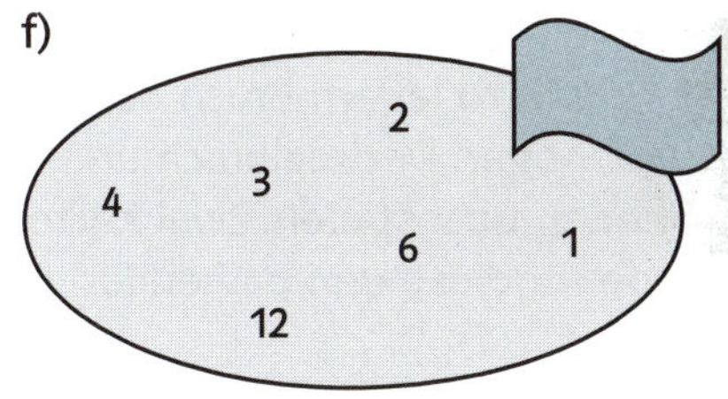

4 Widerlege mit einem Gegenbeispiel oder begründe die Richtigkeit der Aussage.

a) Zwei Zahlen, deren ggT gleich 12 ist, haben nur Potenzen der Zahlen 2 und 3 als Primfaktoren.

b) Ist das kgV zweier Zahlen gleich 120, so kann keine der beiden Zahlen größer als 60 sein.

5 Genau um 5:45 Uhr beginnen die beiden Buslinien A und B gleichzeitig am Busbahnhof ihre erste Fahrt. Laut Fahrplan fährt Linie A danach alle 12 Minuten und Linie B alle 15 Minuten vom Busbahnhof ab. Wie viele Minuten nach 5:45 Uhr fahren die Busse der beiden Linien laut Fahrplan zum ersten Mal wieder zur gleichen Uhrzeit vom Busbahnhof ab? Wie spät ist es dann?

1 Berechne im Kopf.

a) $\frac{1}{7} + \frac{2}{3} =$ ____ b) $\frac{4}{9} + \frac{1}{3} =$ ____ c) $\frac{2}{3} - \frac{1}{2} =$ ____ d) $\frac{4}{5} - \frac{1}{3} =$ ____

e) $\frac{1}{3} \cdot \frac{2}{3} =$ ____ f) $\frac{3}{7} \cdot \frac{1}{15} =$ ____ g) $\frac{1}{4} : \frac{3}{2} =$ ____ h) $\frac{3}{5} : \frac{1}{4} =$ ____

2 Hier sind Lösungen angegeben. Finde die dazugehörigen Aufgaben mithilfe der Zahlen auf den Kärtchen. Zwei Kärtchen bleiben übrig. Nutze sie, um die letzte Rechenaufgabe zu ergänzen.

a) ___ + ___ $= \frac{7}{12}$ b) ___ − ___ $= \frac{3}{14}$ c) ___ · ___ $= \frac{1}{6}$ d) ___ · ___ $= \frac{1}{12}$

$\frac{3}{2}$ | $\frac{1}{5}$ | $\frac{1}{4}$ | $\frac{1}{2}$ | $\frac{5}{7}$ | $\frac{1}{9}$ | $\frac{2}{3}$ | $\frac{1}{8}$ | $\frac{3}{4}$ | $\frac{1}{3}$

___ + ___ = ___

3 Berechne die Lösungen. Gib das Ergebnis, wenn möglich, als vollständig gekürzten und gemischten Bruch an.

a) $5 + 1\frac{1}{9}$ = ____ = ____ b) $2\frac{2}{3} + 4$ = ____ = ____ c) $2\frac{1}{2} + 3\frac{1}{3}$ = ____ = ____

d) $4 - 2\frac{2}{5}$ = ____ = ____ e) $9\frac{7}{8} - 2$ = ____ = ____ f) $3\frac{1}{4} - 2\frac{1}{7}$ = ____ = ____

g) $2 \cdot 2\frac{4}{5}$ = ____ = ____ h) $4\frac{1}{3} \cdot 3$ = ____ = ____ i) $1\frac{1}{3} \cdot 2\frac{1}{4}$ = ____ = ____

j) $8 : 1\frac{1}{7}$ = ____ = ____ k) $2\frac{4}{9} : 3$ = ____ = ____ l) $1\frac{3}{5} \cdot 3\frac{1}{2}$ = ____ = ____

4 Finde zu jedem Bruch das Kärtchen mit dem zugehörigen Dezimalbruch und notiere den entsprechenden Buchstaben. Zwei Kärtchen bleiben übrig. Finde für diese den passenden Bruch bzw. Dezimalbruch.

☐ | $\frac{2}{3}$ ☐ | $\frac{3}{5}$ ☐ | $\frac{15}{75}$ ☐ | $\frac{6}{25}$ ☐ | $\frac{33}{60}$ ☐ | $\frac{1}{7}$ ☐ | $\frac{1}{4}$ ☐ | $\frac{52}{40}$

A | 0,25 B | ☐ C | $0,\overline{6}$ D | 0,6 E | 1,3 F | 0,24 G | 0,2 H | 0,55

5 Berechne schrittweise.

a) $\frac{1}{3} \cdot \frac{3}{5} - \frac{1}{2} : \frac{1}{2}$ = ________________

b) $\frac{1}{2} \cdot \left(3 - \frac{1}{4}\right)$ = ________________

c) $1\frac{1}{2} + 3 \cdot \frac{2}{3}$ = ________________

d) $7 - 2 \cdot \left(\frac{7}{9} - \frac{1}{3}\right) \cdot \frac{1}{7}$ = ________________

6 Berechne vorteilhaft.

a) $\frac{1}{2} \cdot \frac{2}{3} + \frac{1}{2} \cdot \frac{1}{4} =$ ________________

b) $\frac{5}{7} + \frac{2}{3} - \frac{1}{7} - \frac{1}{3} =$ ________________

c) $3 \cdot \frac{2}{9} + 3 \cdot \frac{2}{5} =$ ________________

d) $\frac{2}{3} + \frac{1}{4} + \frac{2}{3} + \frac{1}{4} =$ ________________

Achsenspiegelung, Drehung, Verschiebung

1 Spiegle die Figuren jeweils an der eingezeichneten Symmetrieachse.

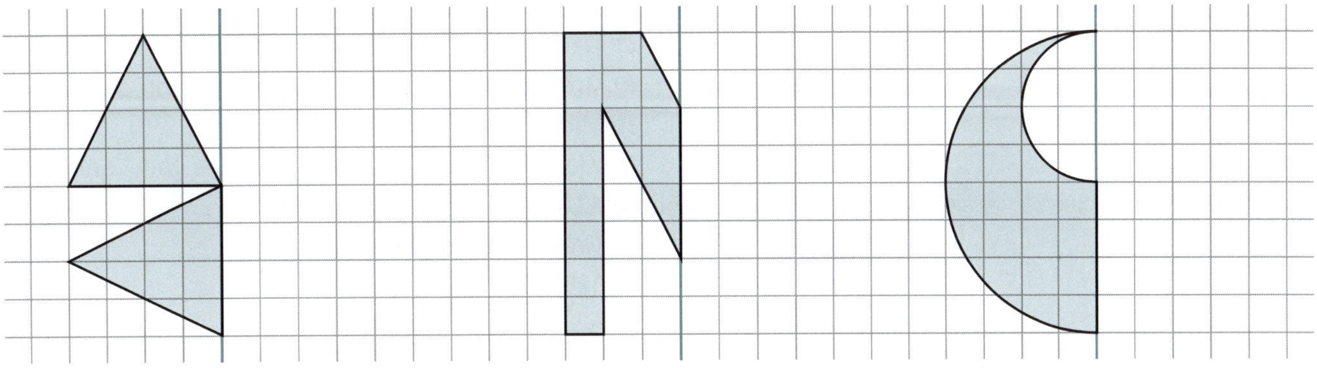

2 Ergänze so, dass punktsymmetrische Figuren entstehen. Die Symmetriezentren sind eingezeichnet.

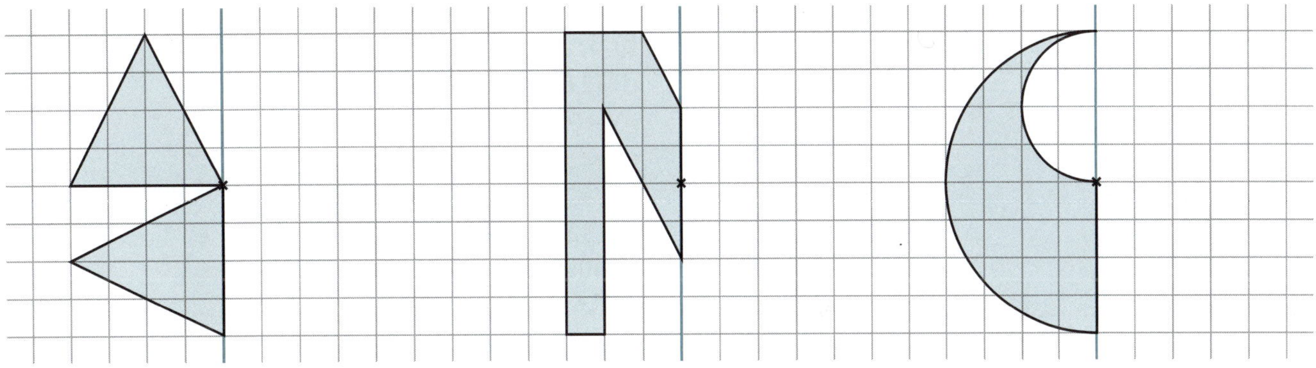

3 Zeichne Bilder der Figur, indem du sie um den angegebenen Drehwinkel drehst. Wiederhole die Drehung so oft, bis sich das Bild mit der Ursprungsfigur deckt. Gib an, wie oft du die Figur drehen musst.

a) $\alpha = 90°$

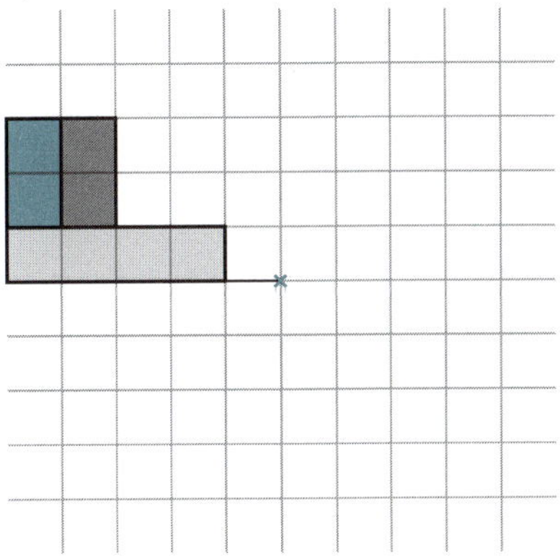

_____ mal drehen.

b) $\beta = 180°$

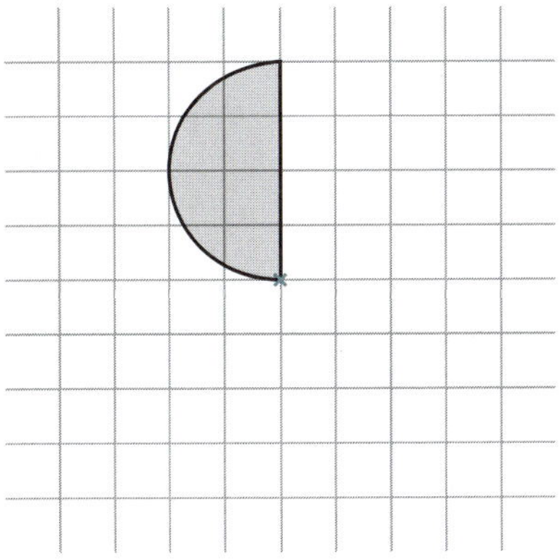

_____ mal drehen.

c) $\gamma = 45°$

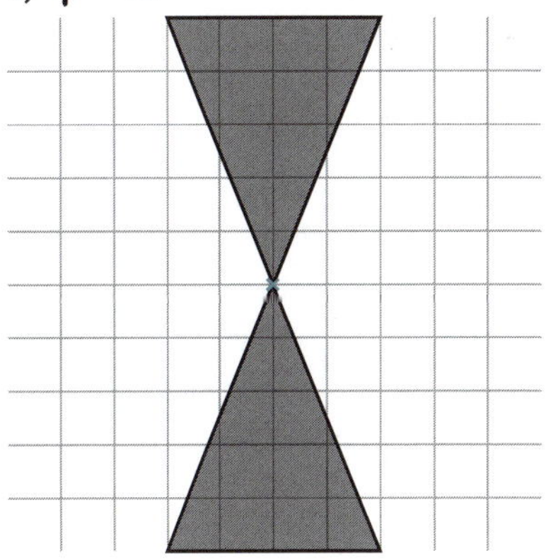

_____ mal drehen.

4 a) Verschiebe Figur A zweimal entlang des schwarzen Pfeils. Du erhältst A′ und A″.
b) Spiegle die Figuren A, A′ und A″ an der Geraden a. Du erhälst B, B′ und B″.
c) Spiegle die Figur C an der Geraden c. Du erhältst C′.
d) Verschiebe C und C′ entlang des blauen Pfeils. Du erhältst D und D′.

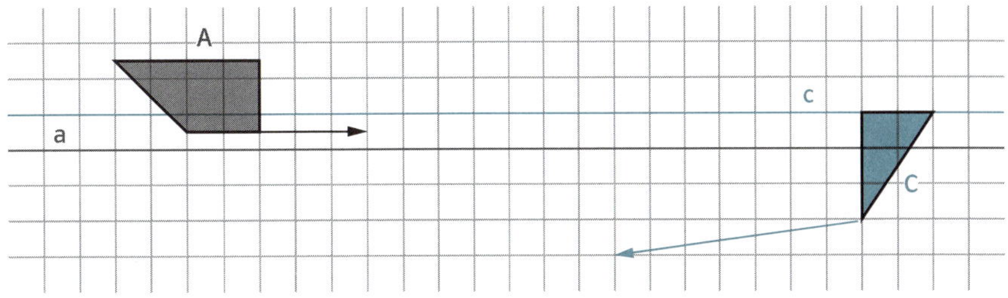

1 Löse das Kreuzworträtsel. Schreibe jedes Ergebnis als ganze Zahl oder Dezimalbruch. Jedes Komma bekommt ein eigenes Kästchen.

Waagrecht:

a) Der Quotient aus 909 und −9.

c) Das Produkt aus −12 und $-\frac{13}{500}$.

e) Größter Teiler von 627 (abgesehen von der Zahl selbst).

f) Kleinstes gemeinsames Vielfaches von 12 und 16.

h) $12{,}356 : \frac{1}{5}$

l) Größte Primzahl kleiner als 100.

m) $1269{,}12 : \left(-\frac{3}{10}\right)$

n) $-\frac{17}{5} + \left(-2{,}01 + \frac{99}{50}\right)$

p) Die Quadratzahl von 14 lautet?

Senkrecht:

a) Die Summe aus −1,5 und 0,004.

b) $3 \cdot \frac{2}{5}$

d) $(2{,}034 + 3{,}45) \cdot 100$

g) $-\frac{16}{5} : \left(-\frac{2}{5}\right) - \frac{16}{5} : \left(-\frac{2}{5}\right)$

i) $(-2{,}3 + 3{,}57) \cdot 100$

j) $(-2) \cdot (-1{,}2 + 3{,}045)$

k) $(3245 - 1823 \cdot 2) : 100$

m) $1000 \cdot (-2 - 3{,}4 - (1{,}9 - 0{,}85))$

o) $1{,}6 + 2{,}3$

2 Berechne durch Ausmultiplizieren. Die richtigen Lösungen findest du auf den Kärtchen unten. Welche Kärtchen bleiben übrig?

a) $(-2) \cdot (15 + (-3))$ = ____________

b) $5 \cdot (20 + (-4{,}1))$ = ____________

c) $(4 - 2{,}3) \cdot (-3)$ = ____________

d) $(-9{,}8 + 1{,}7) \cdot 5$ = ____________

e) $\left(-0{,}3 + \frac{1}{2}\right) \cdot \frac{1}{5}$ = ____________

f) $\frac{1}{2} \cdot \left(\frac{3}{4} - 0{,}2\right)$ = ____________

−24 | **79,5** | **0,16** | **0,275** | **−40,5** | **−5,1** | **0,04** | **24**

3 Berechne durch Ausklammern. Kreuze jeweils die richtige Lösung an.

a) $(-4) \cdot 3 + (-4) \cdot (-5)$ = ____________ ☐ −32 ☐ −8 ☐ 8 ☐ 27 ☐ 32

b) $12 \cdot (-2) - 12 \cdot (-11)$ = ____________ ☐ −158 ☐ −108 ☐ 108 ☐ 156

c) $-12 \cdot 7 + 2 \cdot (-7)$ = ____________ ☐ −98 ☐ −70 ☐ 98 ☐ 70

d) $(-58) \cdot 6 - 6 \cdot (-18)$ = ____________ ☐ −456 ☐ −240 ☐ 240 ☐ 456

e) $\frac{1}{2} \cdot \frac{1}{3} - \frac{1}{2} \cdot \frac{1}{4}$ = ____________ ☐ $-\frac{1}{24}$ ☐ $-\frac{1}{6}$ ☐ $\frac{1}{24}$ ☐ $\frac{1}{6}$

f) $\frac{3}{4} \cdot \frac{1}{3} + \left(-\frac{1}{3}\right) \cdot \left(-\frac{1}{8}\right)$ = ____________ ☐ $-\frac{7}{24}$ ☐ $-\frac{5}{24}$ ☐ $\frac{1}{24}$ ☐ $\frac{7}{24}$

g) $\frac{1}{7} \cdot (-12) - \left(-\frac{1}{7}\right) \cdot 14$ = ____________ ☐ $-\frac{26}{7}$ ☐ $-\frac{2}{7}$ ☐ $\frac{2}{7}$ ☐ $\frac{26}{7}$

1 Berechne die Rechenausdrücke, achte dabei auf Rechenregeln und auf Rechenvorteile.

a) $(0{,}5 + 1{,}2) \cdot 3 + 0{,}9 =$ ______ b) $0{,}2 \cdot 10 - 9 \cdot 0{,}1 =$ ______

c) $\frac{1}{2} + \frac{1}{4} - \frac{1}{8} + \frac{3}{4} - \frac{3}{8} =$ ______ d) $1{,}6 - (1{,}6 + 3{,}7) =$ ______

e) $87 - 24 - 26 =$ ______ f) $1{,}2 \cdot 4 + 1{,}2 \cdot 6 =$ ______

Klammern werden ______ berechnet.

Punktrechnung vor ______

$a \cdot b + a \cdot c = a \cdot (b + c)$
Diese Rechenregel heißt ______.

2 Uwe lädt drei Freunde zu einer Portion Currywurst mit Pommes ein. Die Currywurst kostet 1,80 €, Pommes 1,20 €. Was muss Uwe bezahlen, wenn er selbst auch eine Portion haben möchte? Benutze bei deiner Rechnung die Regel aus dem Hinweiszettel.

4 · ______ € + 4 · ______ € = 4 · (______ € + ______ €) = 4 · ______ €

= ______ € muss er bezahlen.

3 Trage die fehlenden Zahlen in die Tabelle ein.

x	1	2	5			10	20	
3x − 2	1			10	40			100

4 Löse die folgenden Gleichungen durch Rückwärtsrechnen. Löse möglichst im Kopf.

a) $2x + 4 = 18$ x = ____ b) $3x - 7 = -10$ x = ____ c) $0{,}9 - 0{,}2x = -0{,}1$ x = ____

d) $\frac{1}{3} + \frac{1}{2}x = \frac{1}{6}$ x = ____ e) $\frac{2}{5}x - \frac{1}{10} = \frac{1}{4}$ x = ____ f) $\frac{3}{4}x - 0{,}25 = 1$ x = ____

7 $\frac{5}{3}$ $\frac{7}{8}$ $-\frac{1}{3}$ -1 5

5 a) Der Flächeninhalt der Figur rechts lässt sich auf verschiedene Arten berechnen. Fülle die Lücken.

(1) Zerlegung der Figur in Streifen der Breite b:

Gesamtfläche = b · 4a + b · 3a + b · ____ + b · ____

= b · (4a + ______________) = ______

(2) Zerlegung der Figur in Rechtecke der Höhe a und der Breite b:

Gesamtfläche = a · b · (1 + ______________) = ______

b) Berechne den Flächeninhalt der Figur für a = 4 cm und b = 2 cm:

Gesamtfläche = ______________

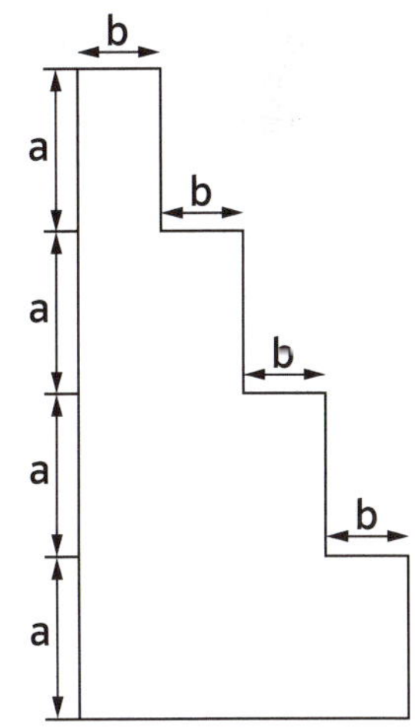

6 Stelle einen Term auf, um den Flächeninhalt A und den Umfang U der Figur rechts zu bestimmen. Beantworte dann die weiteren Fragen.

a) Flächeninhalt: A = ______________

b) Umfang: U = ______________

c) Wie groß wird der Flächeninhalt A für x = 1,5 cm? A = ______

d) Für welches x wird der Umfang U = 13 cm groß? x = ______

e) Für welches x wird der Flächeninhalt A = 3 cm² groß? x = ______

f) Wie groß wird der Umfang U für das x aus Aufgabenteil e)? U = ____

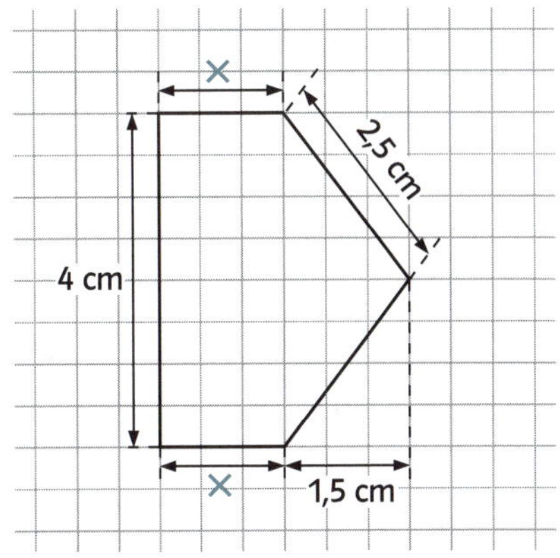

1 Eine Klassenarbeit hatte folgenden Zensurenspiegel. Bestimme die relativen Häufigkeiten der einzelnen Noten als Bruch und als prozentualen Wert. Zeichne anschließend ein Säulendiagramm.

Note	1	2	3	4	5	6
Anzahl	3	6	12	6	3	0
relative Häufigkeit	$\frac{3}{30} = \frac{1}{10}$					
in %	10 %					

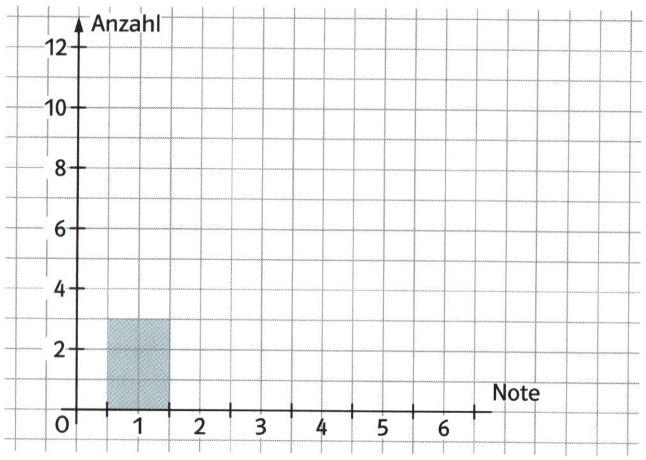

2 Den Notenspiegel aus Aufgabe 1 kannst du auch als Kreisdiagramm darstellen. Dazu musst du zunächst zu jeder relativen Häufigkeit den Winkel des „Tortenstücks" berechnen.
Beispiel: $\frac{1}{10}$ von 360° = 36°.
Fülle die Tabelle aus und vervollständige das Kreisdiagramm.

Note	1	2	3	4	5	6
Mittelpunktswinkel	36°					

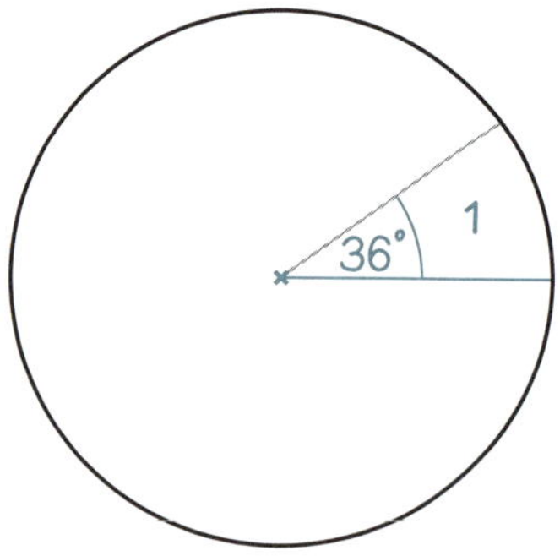

3 In dem Balkendiagramm rechts siehst du, wie viele Äpfel und wie viele Schaumküsse die einzelnen Familienmitglieder pro Woche essen.

Die meisten Äpfel isst ______________, nämlich _____ Stück pro Woche. ____________ mag keine Schaumküsse. Mit einem Apfel pro Woche ist __________ zufrieden. Im Mittel isst jedes Familienglied _____ Äpfel und _____ Schaumküsse pro Woche. Insgesamt muss die Familie jede Woche ________ Äpfel kaufen, bei einem Preis von 30 ct pro Apfel schlägt das mit ________ € zu Buche.

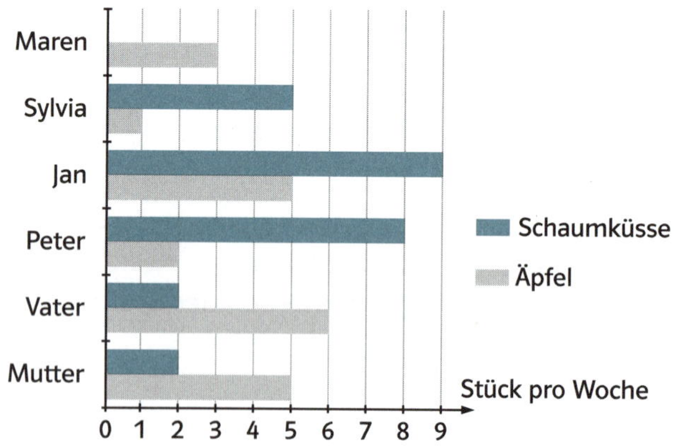

4 Berechne den Mittel- und den Zentralwert. Wandle vorher in eine geeignete Maßeinheit um. Nenne Minimum, Maximum und die Spannweite. Zeichne anschließend den zugehörigen Boxplot.

a) 50 cm, 200 cm, 3,1 m, 45 dm, 70 cm, 2000 mm, 700 mm, 20 dm, 2,8 m, 127 cm

b) 1000 g, 2 kg, 500 g, 250 g, 2,3 kg, 3 Pfund, 0,002 t, $\frac{24}{20}$ kg, 1,5 kg

	Mittelwert	Zentralwert	Maximum	Minimum	Spannweite	Zentralwert rechte Hälfte	Zentralwert linke Hälfte
a)							
b)							

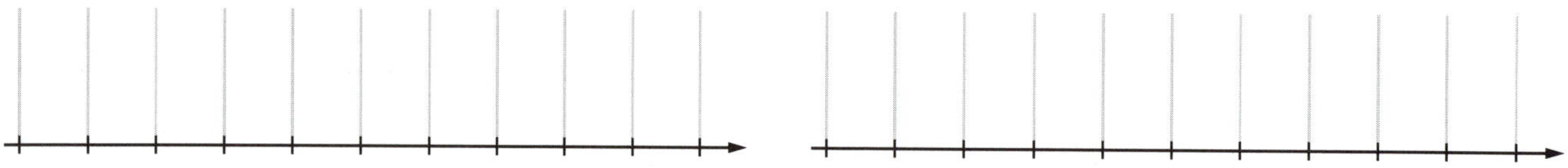

Zahlbereiche und Rechengesetze (1)

1 Berechne im Kopf.

a) $\frac{1}{3} + \frac{1}{6} =$ ______ b) $\frac{7}{8} - \frac{1}{4} =$ ______ c) $1\frac{1}{2} + 2\frac{2}{5} =$ ______ d) $4 - \frac{3}{7} =$ ______

e) $\frac{1}{3} \cdot \frac{1}{6} =$ ______ f) $\frac{7}{8} : \frac{1}{4} =$ ______ g) $1\frac{1}{2} \cdot 2\frac{2}{5} =$ ______ h) $4 : \frac{3}{7} =$ ______

2 Wandle die Brüche in Dezimalbrüche um. Erweitere und kürze, wenn dies vorteilhaft ist.

a) $\frac{3}{6} = \frac{1}{2} = 0{,}5$ b) $\frac{2}{6} =$ ______ c) $\frac{8}{20} =$ ______ d) $\frac{12}{18} =$ ______

e) $\frac{4}{25} =$ ______ f) $\frac{3}{24} =$ ______ g) $\frac{10}{45} =$ ______ h) $\frac{12}{75} =$ ______

Wichtige periodische Dezimalbrüche:
$\frac{1}{3} = 0{,}\overline{3}$ $\frac{2}{3} = 0{,}\overline{6}$
$\frac{1}{6} = 0{,}1\overline{6}$ $\frac{5}{6} = 0{,}8\overline{3}$
$\frac{1}{9} = 0{,}\overline{1}$ $\frac{2}{9} = 0{,}\overline{2}$

3 Schreibe einen Rechenausdruck auf und berechne ihn.

a) Zwei Drittel der Kinder einer Klasse haben blaue Augen, ein Viertel der Kinder hat braune Augen. Welcher Bruchteil der Kinder der Klasse hat blaue oder braune Augen?	
b) Alle anderen haben grüne Augen. Wie groß ist ihr Anteil?	
c) 80 % der Kinder mit braunen Augen haben schwarze oder braune Haare. Wie groß ist der Anteil dieser Kinder in der ganzen Klasse?	

4 Berechne schrittweise. Denke an die Rechenregeln.

a) $\frac{2}{7} \cdot \frac{14}{3} - \frac{4}{15} : \frac{4}{5} =$ ______

b) $\frac{3}{5} \cdot \left(\frac{6}{11} - \frac{13}{44}\right) \cdot \frac{2}{3} =$ ______

c) $\frac{1}{4} + \frac{3}{8} \cdot \frac{4}{6} + \frac{5}{9} \cdot \frac{21}{20} \cdot \frac{2}{7} =$ ______

5 Hier kann das Ergebnis negativ sein. Rechne im Kopf.

a) $\frac{1}{2} - \frac{2}{3} =$ ______ b) $-\frac{7}{10} + \frac{1}{5} =$ ______ c) $\left(-\frac{6}{11}\right) \cdot \left(-\frac{22}{24}\right) =$ ______

d) $\frac{1}{2} : \left(-\frac{2}{3}\right) =$ ______ e) $-\frac{7}{9} - \frac{2}{6} =$ ______ f) $\frac{11}{8} - \frac{4}{3} =$ ______

6 Schreibe zunächst alle Buchstaben (von links nach rechts) heraus, die den natürlichen Zahlen zugeordnet sind; danach die Buchstaben, die zu den negativen ganzen Zahlen gehören; dann die den Bruchzahlen und schließlich die den übrig gebliebenen Dezimalzahlen zugeordneten Buchstaben.

$\frac{1}{2}$	-1	6	$\frac{1}{3}$	$-0{,}2$	$-0{,}3$	0	-6	$\frac{5}{4}$	$-17{,}6$	$-4{,}4$	$\frac{5}{6}$	1	$-7{,}01$	$-0{,}6$
N	I	R	A	Z	A	A	O	L	H	L	E	T	E	N

Lösungswort: _ _ _ _ _ _ _ _ _   _ _ _ _ _ _

Zahlbereiche und Rechengesetze (2)

1 Löse die Beträge auf und berechne.

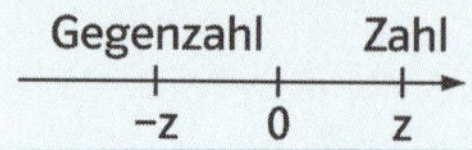

Zahl und Gegenzahl haben denselben Betrag.

a) $|+2| =$ ______ b) $|-2| =$ ______ c) $|0| =$ ______ d) $|-12{,}2| =$ ______

e) $|-3| \cdot |+4| =$ ______ f) $|-1| + |-2{,}5| =$ ______ g) $|5 - |-7|| =$ ______ h) $|3{,}6 - 6{,}3| =$ ______

2 Markiere an der Zahlengeraden alle ganzen Zahlen durch Kreuze, für die die Bedingung gilt.

a) $|z| < 2{,}5$

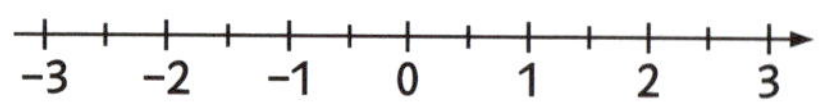

b) $1 < |z| < 3$

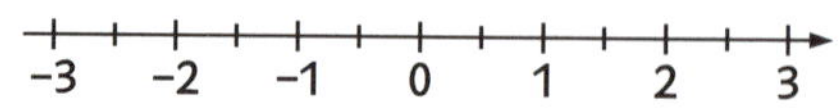

c) $-2 < |z| < 2$

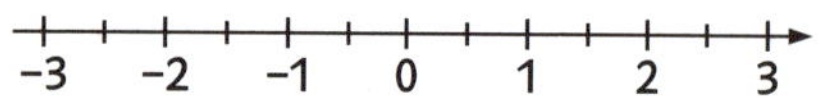

d) $0{,}7 < |z| < 3{,}3$

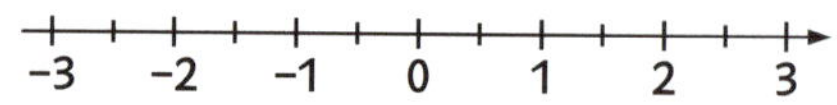

3 Markiere an der Zahlengeraden alle rationalen Zahlen farbig, für die die Bedingung gilt.

a) $|x| < 1{,}5$

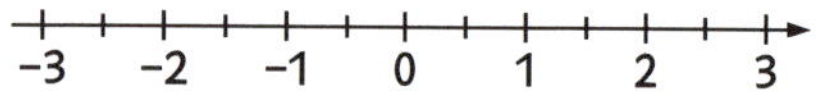

b) $0{,}5 < |x| < 2{,}5$

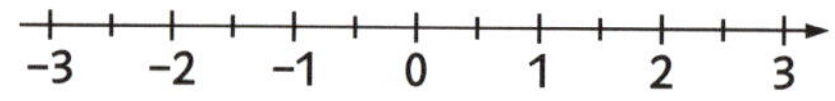

c) $-0{,}3 < |x| < 2$

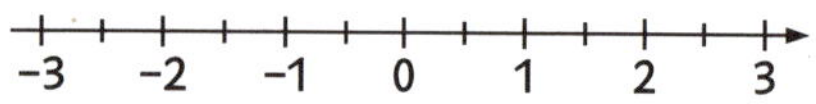

d) $|x| < -1$

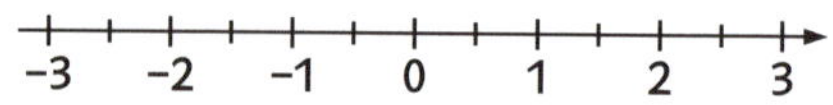

4 Berechne.

a) $|-3| + 2 =$ ______ b) $|23{,}4| - |-12{,}02| =$ ______

c) $|-2014| + |-1995| =$ ______ d) $|-4| \cdot |-2| =$ ______

e) $(-1) \cdot |-3| \cdot |12| =$ ______ f) $|12 - 24| : (|-6| : -2) =$ ______

5 Gesucht sind alle Gitterpunkte $P(x|y)$ im Innern des Kreises, wobei

a) nur die Gitterpunkte mit kleinen Kreuzen markiert werden, für die gilt: $1 < |x| \le 3$.

b) alle Gitterpunkte mit großen Kreuzen markiert werden, für die gilt: $|y| \ge 5$.

c) alle Gitterpunkte mit Kreisen markiert werden, für die gilt: $|x| + |y| \le 2$.

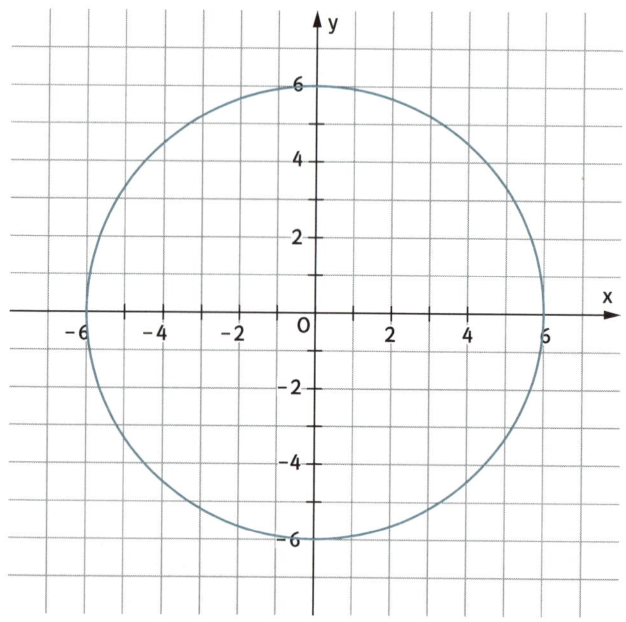

6 Berechne schrittweise.

a) $|-4 - 7| + |-4 + 7| =$ ______ b) $|2{,}5 - 3{,}5| \cdot |7{,}5 - 4{,}5| =$ ______

c) $||-2| - 4| \cdot |1 - 3| =$ ______ d) $5 - |-1{,}5| \cdot (-1{,}5) =$ ______

7 Setze die zehn Betragsstriche so, dass die Rechnungen stimmen.

a) −2 · 6 = 12 b) −4 − 7 = −3 c) −4 − 7 = 11 d) −2 − 7 = 5

Fülle die Lücken. Löse dann die Beispielaufgaben.

Rationale Zahlen

Die natürlichen Zahlen, die ganzen Zahlen, die

Bruchzahlen und die ____________
werden als rationale Zahlen bezeichnet.

Zahlbereiche:
ℕ Natürliche Zahlen: 0; 1; 2; 3; 4; …
ℤ Ganze Zahlen: …−4; −3; −2; −1; 0; 1; 2; 3; 4…
Bruchzahlen, z. B.: $\frac{1}{2}$; $\frac{1}{3}$; $\frac{5}{6}$; $-\frac{9}{8}$
Dezimalzahlen, z. B.: 0,5; −2,25; 12,0

Betrag

Der Betrag |a| einer Zahl gibt an, wie weit die Zahl

auf der Zahlengeraden von der ____ entfernt ist.

|−3| = ___ |2| = ___ |0| = ___

−3 −2 −1 0 1 2 3

Addieren

____
Vorzeichen:
- Beträge **addieren**
- Das Ergebnis erhält das gemeinsame Vorzeichen.

____
Vorzeichen:
- Beträge **subtrahieren**
- Das Ergebnis erhält das Vorzeichen derjenigen Zahl, die den größeren Betrag hat.

(+5) + (+7) = ____
(−5) + (−7) = ____

(+5) + (−7) = ____
(−5) + (+7) = ____

Subtrahieren

Das Subtrahieren einer rationalen Zahl ist dasselbe

wie das Addieren der ____________.

(+5) − (+7) = (+5) + (−7) = ____
(−5) − (−7) = (−5) + (+7) = ____
(+5) − (−7) = (+5) + (+7) = ____

Multiplizieren und Dividieren

____
Vorzeichen:
- Das Produkt und der Quotient sind positiv.

____
Vorzeichen:
- Das Produkt und der Quotient sind negativ.

(+5) · (+7) = ____ (−5) · (−7) = ____
(−48) : (−4) = ____

(+5) · (−7) = ____ (−24) : (+6) = ____

Kommutativgesetz

In einer Summe dürfen die Summanden, in einem

Produkt die Faktoren ____________ werden.

(−2) + 6 = 6 + (−2) = __ 6 · (−2) = (−2) · __ = ____

Assoziativgesetz

Bei mehreren Summanden oder Faktoren kann man wählen, welche benachbarten Zahlen man zuerst addiert bzw. multipliziert.

5 + (−4) + 3 = 1 + 3 = 5 + (−1) = ____

5 · (−4) · 3 = (−20) · 3 = 5 · (−12) = ____

Distributivgesetz

Ausklammern

(−3) · 7 + (−3) · 13 = (−3) · (7 + 13)

Ausmultiplizieren

3,4 · 2,6 + 3,4 · 2,4 = 3,4 · (2,6 + 2,4) = 3,4 · 5 = 17
65 · 19 − 65 · 9 = 65 · (____ − ___) = 65 · ____ = ____

10 · (2,6 − 1,8) = 10 · 2,6 − 10 · ____ = 26 − ____ = ___
0,5 · (110 + 26) = 0,5 · 110 + 0,5 · 26 = ____ + ____ = ____

Prozente (Wiederholung)

1 In den Abbildungen siehst du Figuren, bei denen einzelne Teile gefärbt sind. Welcher Bruchteil ist jeweils gefärbt? Gib auch in Prozent an.

a) 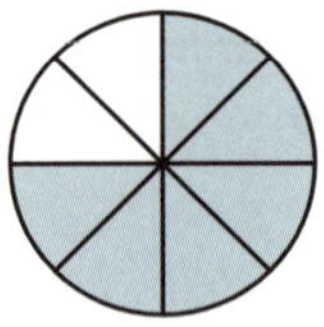

$\frac{6}{8}$ = 75 %

b) 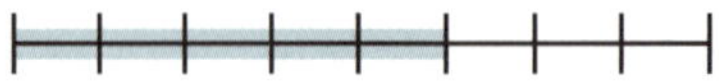

_______ = _______

c) 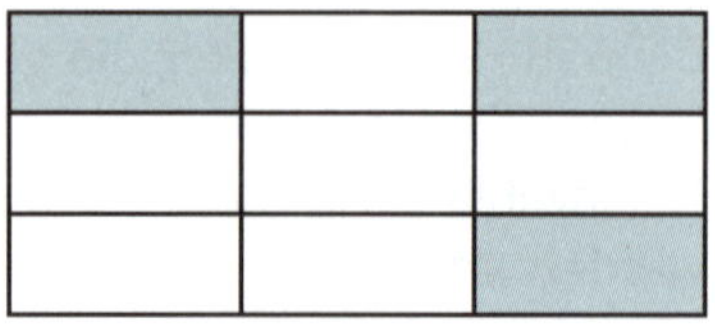

_______ = _______

d) 

_______ = _______

e) 

_______ = _______

f) 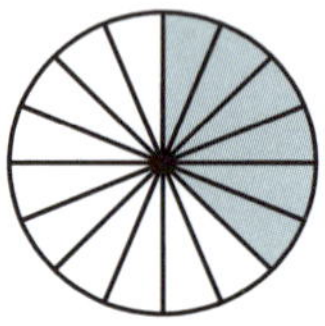

_______ = _______

2 Brüche kann man durch Erweitern oft als Vielfache von Zehnerpotenz-Brüchen darstellen und von da in die Dezimalbruch- und Prozent-Schreibweise wechseln. Fülle die Lücken in der Tabelle aus. Verbinde die Prozentwerte aus der Tabelle nacheinander im Bild unten.

Bruch	$\frac{1}{25}$	$\frac{3}{10}$			$\frac{5}{16}$			$\frac{4}{1}$			$\frac{1}{8}$	
Bruch mit Nenner 10, 100, 1000, …	$\frac{4}{100}$		$\frac{625}{1000}$			$\frac{75}{1000}$			$\frac{25}{100}$			$\frac{150}{100}$
Dezimalbruch	0,04			0,75			0,52			0,42		
Prozent	4 %											

3 Schreibe jede Prozentangabe als Hundertstel und kürze, wenn möglich.

a) 4 % = _______ b) 25 % = _______

c) 80 % = _______ d) 35 % = _______

e) 250 % = _______ f) 12,5 % = _______

g) 32 % = _______ h) 0,2 % = _______

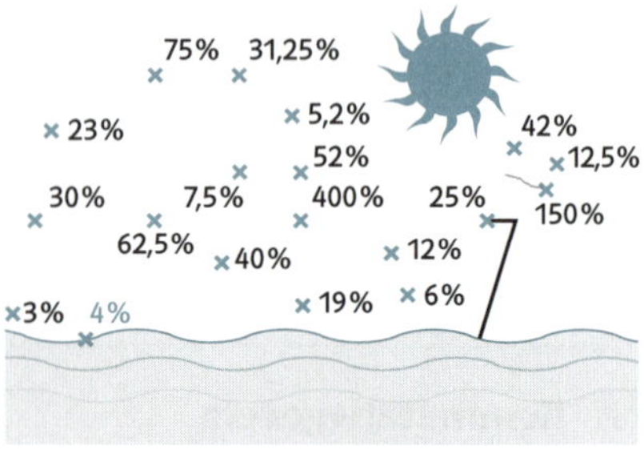

4 a) Bei welcher Bude würdest du dein Glück versuchen? _______
Rechne für den Vergleich die Brüche in Prozentangaben um und umgekehrt.

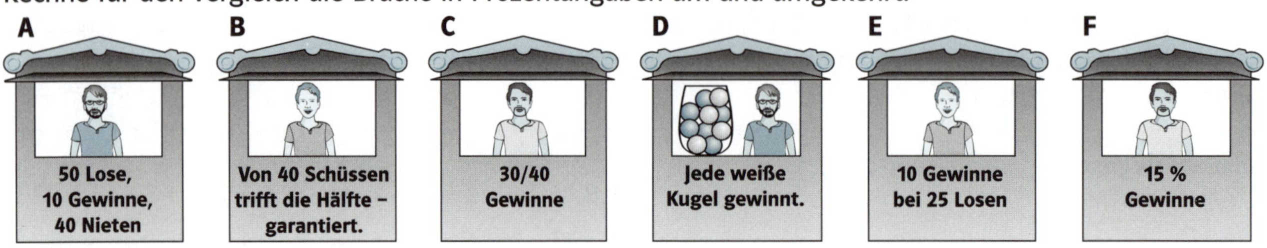

b) Ordne die Brüche: _______ < _______ < _______ < _______ < _______

c) Ordne die Prozentangaben: _______ < _______ < _______ < _______ < _______

1 Sechs Prozentaufgaben wurden auf Kärtchen geschrieben. Auf einigen der Karten findest du eine wichtige Information. Handelt es sich dabei um den Grundwert, den Prozentwert oder den Prozentsatz? Verbinde die Karte mit dem passenden Begriff.

(A) Von den 760 Schülerinnen und Schülern einer Schule

haben 342 das Sportabzeichen errungen. (A)

(B) Der Kartoffelverbrauch ist stetig gesunken. 1950 betrug er noch

500 g pro Person und Tag.

Heute liegt er bei 150 g pro Person und Tag.

(C) Der Verkäufer sagt: „Dieses 500-g-Weizenbrot

enthält 40 % Wasser.“

Grundwert — Prozentwert — Prozentsatz

(D) 70 % aller Schülerinnen und Schüler hätten gerne

eine Stunde später Schule.

In der Schule sind 760 Kinder.

(E) Drei Kinder haben in der Klassenarbeit eine Note, die schlechter als Vier ist.

In der Klasse gibt es 30 Schülerinnen und Schüler.

(F) 50 % aller Kinder der Klasse haben eine Drei erreicht.

Das sind 16 Schülerinnen und Schüler.

Welche Lösung gehört zu welcher Aufgabe? Trage die Buchstaben der Aufgaben ein:

| 532 | 1,5 % | 200 | 4,5 % | 32 | 228 | 30 % | 45 % | 33 % | 10 % |

2 Fülle die Lücken aus. Die Lösungen für die Tabelle findest du unten auf den Lösungskärtchen. Zusammen mit den Lösungen der Aufgaben 3 und 4 ergibt sich ein Lösungsspruch.

a) Grundwert: ______

p%	10%	20%	25%	45%	50%	100%
W	60					

b) Grundwert: ______

p%		10%		40%		100%
W	6		30		90	120

3 Berechne den Prozentsatz. Die Lösungen dieser Aufgabe findest du unten auf den Lösungskärtchen. Trage die Buchstaben ebenfalls in den Lösungssatz ein.

	a)	b)	c)	d)	e)	f)	g)	h)
W	18 m	54 g	12 h	24 m²	6 l	14 €	23 cm	74,4
G	600 m	450 g	60 h	48 m²	60 l	25 €	0,4 m	240
p%								

4 Bestimme den Prozentsatz. Runde das Ergebnis auf eine Stelle nach dem Komma. Die Lösungen findest du auf den Lösungskärtchen.

a) 5000 von 2 000 000: ______

b) 2 t von 3 t: ______

c) 2 m von 7 m: ______

d) 250 g von 6000 g: ______

e) 5,20 € von 4,80 €: ______

C | 28,6 % — H | 4,2 % — N | 50 % — O | 270 — H | 3 %
E | 600 — E | 20 % — L | 31 % — E | 48
Z | 300 — I | 10 % — P | 120 — N | 5 % — R | 25 %
N | 12 % — S | 56 % — T | 108,3 % — E | 0,3 %
R | 150 — C | 75 % — T | 57,5 % — I | 66,7 % — T | 12

Lösungssatz: _ _ _ _ _ _ _ _ _ _ _

_ _ _   _ _ _   _ _ _ _ _ _

5 Bestimme den Prozentwert.

a) 5 % von 8000 Enten: ______

b) 25 % von 2500 g: ______

c) 12,5 % von 3000: ______

d) 0,1 % von 4800 cm: ______

e) 7 % von 700: ______

6 Vergleiche. Trage <, > oder = ein.

a) 0,2 ☐ 2 %   b) 12,5 % ☐ 0,125   c) 0,54 ☐ 5,4 %   d) 69 % ☐ 6,9   e) 200 % ☐ 2

1 Gesucht ist der Prozentwert. Berechne und notiere die Lösung.

a) 40 % von 96 € = 38,4 €
b) 25 % von 102 kg = 25,5 kg
c) 92 % von 360 l = 331,2 l
d) 0,2 % von 800 ha = 1,6 ha
e) 14 % von 500 g = 70 g
f) 0,03 % von 960 m = 0,288 m

2 Was ist bei diesen Aufgaben gesucht? Prozentsatz Berechne und notiere die Lösung.

a) 17 von 200 = 8,5 %
b) 8 von 25 = 32 %
c) 450 g von 1 kg = 45 %
d) 12 s von 1 min = 20 %
e) 3,5 cm von 5 cm = 70 %
f) 0,35 m von 1 m = 35 %

3 Was ist bei diesen Aufgaben gesucht? Grundwert Berechne und notiere die Lösung.

a) 15 % sind 300 €; 2000 €
b) 0,25 % sind 4,5 ml; 1800 ml
c) 40 % sind 25 l; 62,5 l
d) 150 % sind 450 kg; 300 kg
e) 50 % sind 28 m; 56 m
f) 20 % sind 8 cm; 40 cm

4 Löse das Kreuzzahlrätsel. Setze Kommas in eigene Kästchen.

a	b	c		d	e
f			g		
		h		i	
j	k				
			l		
m		n			o
		p			
q			r		

Waagrecht
- **a)** 50 % von 248
- **d)** $\frac{1}{3}$ von 126
- **f)** 12,5 % von 428,8
- **h)** 700 % davon sind 16,45.
- **j)** Prozentsatz ist 0,1 %, der Prozentwert beträgt 418,34 €.
- **l)** Produkt aus 7 und 3
- **m)** Differenz aus 1200 und 358
- **p)** 72 % als Dezimalbruch
- **q)** Das Produkt aus der Quadratzahl von 2 u. 23
- **r)** 25 % davon ergeben 32,75 cm.

Senkrecht
- **a)** 10 % von 154
- **b)** $\frac{1}{5}$ von 115
- **c)** 0,5 % von 856
- **d)** So viele Ganze: 400 %
- **e)** Addiere 12,5 % zu dem Grundwert 2000.
- **g)** 3 % von 210,67 €
- **i)** 1025,19 sind 300 %
- **o)** Quadratzahl von 11
- **k)** Das Doppelte von 52
- **m)** Für 1195 € erhält man 106,35 € Zinsen. Zinssatz?
- **n)** Ein Fünftel multipliziert mit 100

5 In der Straßenbahn werden die Fahrausweise kontrolliert. Von den 64 kontrollierten Personen fahren acht ohne gültigen Fahrausweis. Trage ein: Prozentwert (__), Grundwert (______) und Prozentsatz (______).

6 Herr Schmidt muss eine Rechnung über 1438,00 € bezahlen. Er zieht vom Rechnungsbetrag 2 % ab (__________ €), da er die Rechnung innerhalb von 10 Tagen bezahlt. Er zahlt also __________ €.

7 Herr Sicher legt jeden Monat 5 % seines Gehaltes, nämlich 155 €, zurück. Wie hoch ist sein Monatsgehalt?

Gesucht: ☐ G ☐ p ☐ W Sein Monatsgehalt beträgt __________ .

1 Der Sportverein Muskelpumpe hat 720 Mitglieder.

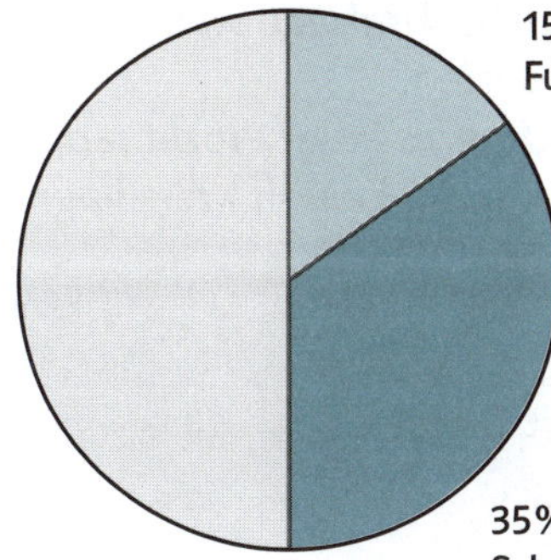

a) Wie viele Mitglieder des Vereins spielen Fußball?

____

b) Wie viele Mitglieder gehören der Schwimmabteilung an? ______________

c) Am Sportfest des Vereins nehmen 30 % aller Mitglieder, nämlich ______________ Personen teil.

2 Bei einem Schulfest werden 486 Schülerinnen und Schüler gezählt. Der Direktor sagt: „Leider sind zu unserem Schulfest nur 90 % gekommen." Gesucht: ☐ G ☐ p ☐ W

a) Wie lautet die Frage? ______________________________

____

b) Antwort: ______________________________

____

3 Herr Schmidt hat eines seiner Mietshäuser sanieren lassen. Für seine Mieter bedeutet das eine Mieterhöhung von 5 %. Familie Sonnenschein zahlt nun 52,80 € mehr, Familie Meier muss 62,30 € und Familie Lieber 72,32 € mehr bezahlen.

a) Wie hoch waren die ursprünglichen Mieten und was müssen die Mieter jetzt bezahlen?

Familie Sonnenschein: ______________ (vorher) ______________ (jetzt)

Familie Meier: ______________ (vorher) ______________ (jetzt)

Familie Lieber: ______________ (vorher) ______________ (jetzt)

b) Bezogen auf die neue Miete entspricht die Mieterhöhung ______ %.

4 Von den 120 Schülerinnen und Schülern einer Jahrgangsstufe wurden 105 versetzt.

Wie viel Prozent aller Schüler wurden versetzt? ______________________
Stelle das in einem Kreisdiagramm dar.

5 Es passen immer vier Kärtchen zusammen: Auf einem steht der Grundwert, auf einem anderen der Prozentwert und auf dem dritten der Prozentsatz.

a) Färbe die passenden Kärtchen jeweils in einer Farbe.

5000 | 400 | 800 | 2500 | 250 | 450

1200 | 200 | 500 | 40 | 180 | 750

20 % | 40 % | 80 % | 5 % | 15 % | 300 %

☐ ☐ ☐ ☐ ☐ ☐

b) Es sind sechs leere Kärtchen vorhanden. Schreibe die zu den Prozentsätzen gehörenden Brüche auf die leeren Kärtchen und färbe auch sie passend.

1 Bei einer Umfrage wurden 1000 Eltern befragt, ob ihre Kinder im Sportunterricht (in anderen Fächern) trinken dürfen.
a) Berechne zu jeder Prozentangabe den zu zeichnenden Winkel.
b) Gestalte die beiden Kreisdiagramme.

Aussage	Sport	Winkel in °	andere Fächer	Winkel in °
A – es ist erlaubt	20 %		15 %	
B – bei einigen Lehrern	10 %		10 %	
C – nur in Pausen	25 %		35 %	
D – weiß ich nicht	40 %		20 %	
E – nicht erlaubt	5 %		20 %	72

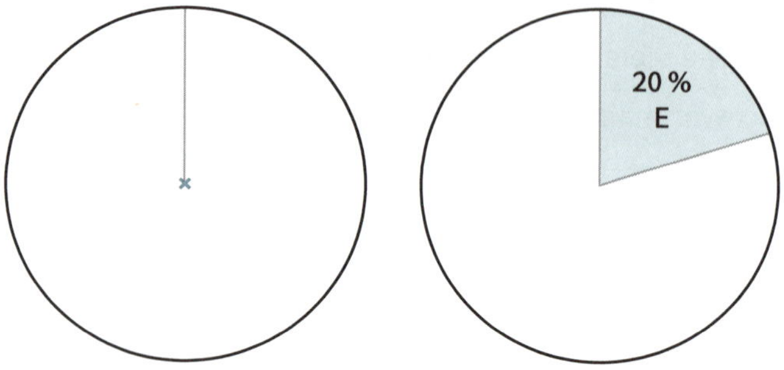

Sport　　andere Fächer

2 Birnen bestehen zu mehr als 80 % (______°) aus Wasser, Melonen zu 90 % (______°) und Datteln zu 20 % (______°).
a) Berechne die Winkelmaße.
b) Zeichne jeweils ein Kreisdiagramm.

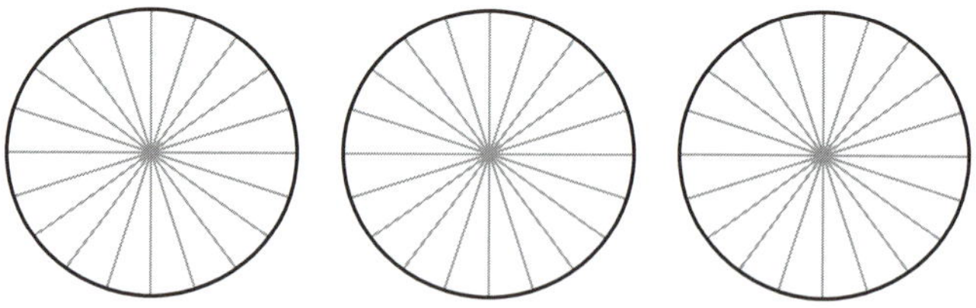
Birnen　　Melonen　　Datteln

3 Wie viel Prozent des Tanks sind gefüllt? Wie viel Liter fasst der Tank? Beschrifte die Tanksäule.

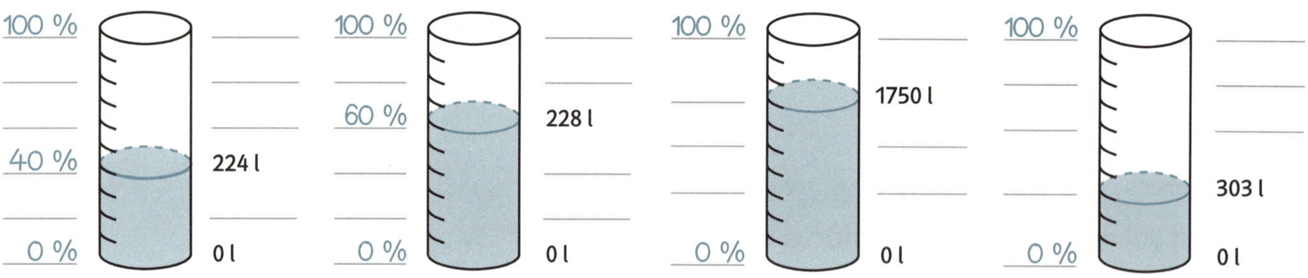

4 Betrachte den Grundriss der Wohnung. Beachte den Maßstab.

a) Berechne die Wohnungsgröße (______ m²), bestimme die Größe der einzelnen Zimmer und trage diese Größen in die Zeichnung ein.
b) Herr Schmidt hat in der Wohnung 50 % Teppichboden (______ m²), 30 % Laminat (______ m²) und 15 % Fliesen (______ m²). Im Eingangsbereich, in der Zeichnung blau gefärbt, hat Herr Schmidt Marmor gelegt (______ m², das entspricht ______ % der Wohnungsfläche).
c) Zeichne den Teppichboden, das Laminat und die Fliesen in der Wohnung mit unterschiedlichen Farben ein. Jedes Zimmer hat nur einen Bodenbelag.

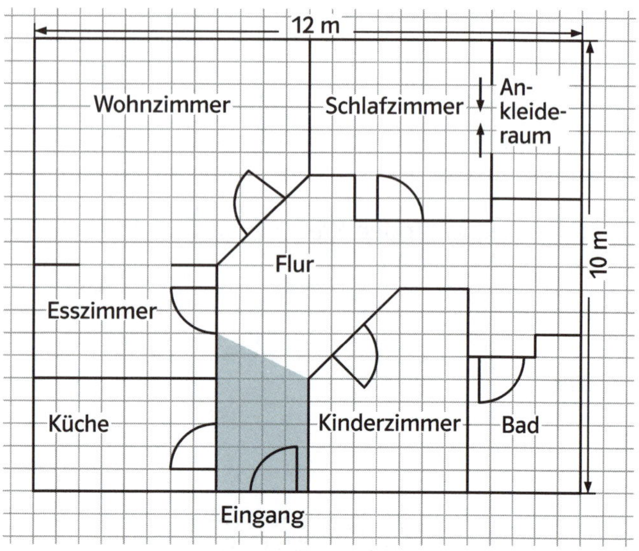

1 Berechne die fehlenden Angaben.

alter Wert in Euro	Zuwachs/Verminderung		neuer Wert	
	in Prozent	in Euro	in Prozent	in Euro
750 €	+5 %	+ 37,50 €	105 %	787,50 €
300 €	+10 %			
			107 %	1819 €
			115 %	3910 €
	+12 %			985,60 €

2 Berechne die fehlenden Werte. [T1]

75 € —(+10 %)→ ______ —(+20 %)→ ______

500 g —(+8 %)→ ______ —(−3 %)→ ______

350 m —( )→ 262,5 m —(−30 %)→ ______

15 € —( )→ 16,80 € —(+45 %)→ ______

______ —(−6 %)→ ______ —(+15 %)→ 270,25 €

3 Berechne jeweils die fehlende Größe. Finde das Lösungswort mithilfe der Lösungen auf den Kärtchen.

a) Grundpreis des Autos: 18 900 €. Hinzu kommen 19 % Mehrwertsteuer.
Gesamtpreis: ______ €.
Der Autohändler bietet 3 % Skonto bei Barzahlung: ______ €,
das Auto kostet damit ______ €.

b) Der Grundwert von 1200 kg wird vermehrt um 15 %. Neuer Wert: ______ kg

c) Erhöhung um ein Achtel. Preis nach der Erhöhung: 180 €. Preis vorher: ______ €

d) Erhöhung um ein Viertel. Preis vor der Erhöhung: 500 €. Preis nachher: ______ €

e) Auf die Möbel für das Kinderzimmer gibt es 20 % Rabatt.
Vorher kosteten sie 990 €, jetzt ______ €.

f) Die Möbel für das Kinderzimmer kosten jetzt 950,40 €.
Vorher betrug der Preis 1188 €, er wurde um ______ % reduziert.

g) Nach der Preissenkung kosten die Schlittschuhe 90 €, vorher 120 €.
Man spart ______ %.

792 | I
21 816,27 | C
574,37 | O
160 | N
21 345 | K
22 491 | T
20 | E
2435,15 | M
674,73 | H
25 | W
625 | N
1380 | A

4 Wärst du mit dem Vorschlag des Bootsverkäufers einverstanden? Begründe.

[T1] Rechne rückwärts. Dividiere dabei durch den Faktor, mit dem beim Vorwärtsrechnen multipliziert wurde.

1 Familie Schmidt hat sich ein neues Auto bestellt. Der Kaufpreis wird erst bei Abholung des Fahrzeugs fällig. Das Geld, 21500 €, liegt zurzeit auf einem Tagesgeldkonto (Zinssatz: 4,5 %), von dem man jederzeit beliebig viel Geld abheben darf. Die Lieferung des neuen Autos erfolgt erst in einem Jahr, da es sich um ein neues Modell handelt. Die Familie möchte sich von den Zinsen eine Reise nach Berlin gönnen, welche im Angebot 999 € kostet. Reicht das Geld?

a) Berechne die Zinsen.

Gegeben: K = ________ €; p% = ______ % Gesucht: ____

Formel: ____________ ____________________________

b) Berechne jetzt die Differenz zwischen Zinsen und den Urlaubskosten: ____________
Entscheide.

Es fehlen ________ €. ☐ Es bleiben ________ € übrig. ☐

2 Jutta möchte bei einem Versandhaus eine Kompaktstereoanlage (Preis: 298 €) bestellen. Gegen einen geringen Aufpreis (26,82 €) wird ihr angeboten, dass sie die Anlage erst in einem Jahr bezahlen muss. Auf ihrem Sparbuch befinden sich zurzeit genau 300 €. Sie erhält dafür 3 % Zinsen. Sollte sie das Angebot des Versandhauses annehmen?

a) Sparbuch
Berechnung der Zinsen:
Gegeben: ____________
Gesucht: ____________

____

b) Versandhaus
Berechnung des Zinssatzes:
Gegeben: ____________
Gesucht: ____________

____

Der Zinssatz des Versandhauses ist ________ als der Zinssatz des Sparbuches. Er beträgt ____ %.

Jutta sollte ____________________, sie spart damit ______ €.

3 Stefan hat sein Konto ein Jahr lang überzogen. Er muss dafür 280 € Zinsen bezahlen. Um wie viel Euro war das Konto überzogen, wenn der Überziehungs-Zinssatz 14 % beträgt?

Das Kapital berechnet man mit der Formel ________. Stefan hatte sein Konto um ________ € überzogen.

4 Peter hat vor einem Jahr 1250,00 € auf einem Sparbuch angelegt. Jetzt befinden sich 1287,50 € darauf.

a) Peter hat ______ € Zinsen erhalten.

b) Berechne den jährlichen Zinssatz.

Gegeben: ____________

Gesucht: ____________

____

c) Wenn sich der Zinssatz nicht verändert, hat Peter nach einem weiteren Jahr insgesamt ________ €,

nämlich ______ € mehr auf dem Sparbuch.

1 Berechne die Zinsen für die angegebenen Zeiträume.

a)

2000 € → 3,5 % → ☐ € Zinsen im Jahr

: 2 → ☐ € Zinsen im Halbjahr

: 4 → ☐ € Zinsen im Vierteljahr

: 12 → ☐ € Zinsen im Monat

b)

480 € → 2 % → ☐ € Zinsen im Jahr

☐ → ☐ € Zinsen im Halbjahr

☐ → ☐ € Zinsen im Vierteljahr

☐ → ☐ € Zinsen im Monat

2 Svens Vater will sich einen Kleinwagen für 17 800 € kaufen. Wenn er den Betrag sofort zahlt, wird ihm ein Rabatt von 2 % eingeräumt, ansonsten wird der volle Kaufpreis bei der Lieferung des Autos in 90 Tagen fällig. Bezahlen will er den Betrag von seinem Sparbuchguthaben, das dort mit 5 % verzinst wird. Soll er den Wagen lieber gleich bezahlen oder erst bei der Lieferung?

Falls er den Wagen sofort bezahlt, spart er 2 % von 17 800 €, das sind ________ €. Wenn er den Betrag von 17 800 € zu 5 % verzinsen würde, so wäre dies ein Jahreszins von ________ €, anteilig für die 90 Tage ergäben sich Zinsen von ________ €.

Er spart mehr, wenn er ______________ bezahlt.

3 Berechne die fehlenden Angaben. Runde gegebenenfalls sinnvoll.

	a)	b)	c)	d)	e)	f)
Guthaben in €	200,00 €	300,00 €			700,00 €	10 000 €
Zinssatz	1 %	2,5 %	3 %	1,2 %		
Jahreszinsen in €			24,00 €		93,80 €	80 €
Monatliche Zinsen in €				0,50 €		

4 Bei welchem Zinssatz erhöht sich ein Kapital von 2500 € in einem Quartal auf 2550 €?

Lösung: Wenn sich das Kapital in ________ Monaten um ________ € erhöht, so erhöht es sich in einem Jahr um ________ €. Dividiert man diese Jahreszinsen durch den Grundwert von ________ €, so erhält man den Zinssatz als Dezimalbruch ________. Das entspricht einem Prozentwert von ________ %.

5 Für einen Kredit in Höhe von 12 000 € sind bei einem Zinssatz von 5 % bei der Bank insgesamt 300 € an Zinsen zu bezahlen. Wie lange wurde der Kredit beansprucht?

Lösung: Das Kapital beträgt ________ €, die für ein Jahr zu zahlenden Zinsen betragen ________ €.

Der Kredit wurde also nur für ______________ beansprucht.

6 Herr Schuldig will bei seiner Hausbank ein Darlehen in Höhe von 30 000 € zu einem Zinssatz von 9,5 % aufnehmen. Nach einem Jahr will er das Darlehen und die Zinsen (________ €) zurückzahlen. Er muss dann insgesamt ______________ € bezahlen.

Bei der Kreditbank müsste er für das gleiche Darlehen nach einem Jahr 2640,00 € Zinsen bezahlen. Das entspricht einem Zinssatz von ______ %. Bei der ____________ zahlt er also ________ € weniger.

Tageszinsen und Zinseszinsen (2)

1 Wer seine Ersparnisse bei Geldinstituten anlegt, bekommt dafür Zinsen. Wer sich dort hingegen Geld leiht, muss dafür Zinsen bezahlen. Auf welchen Betrag wachsen die Schulden mit Zinseszinsen an, wenn erst nach fünf Jahren mit der Rückzahlung der geliehenen 50 000 € begonnen werden soll (5 % Zinsen pro Jahr)?

	im 1. Jahr	im 2. Jahr	im 3. Jahr	im 4. Jahr	im 5. Jahr	nach 5 Jahren
Schulden ohne Zinsen	50 000 €	52 500 Euro				
Zinsen	2 500 Euro					
Schulden mit Zinsen	52 500 Euro					

2 Herr Weitsichtig möchte für seinen Enkel vier Jahre lang einen Betrag von 200,00 € für den Führerschein sparen. Die Einzahlung soll jeweils am 1.1. des Jahres erfolgen. Der Bankberater rechnet mit einem Zins von 2 %. Er betont, dass es auch bis zu 4 % sein könnten. Oma Weitsichtig meint, dass der Enkel dann ja doppelt so viele Zinsen bekommen würde. Hat sie Recht? Berechne die fehlenden Werte in den Tabellen.

Zinssatz 2 % (Runde sinnvoll.)

	Kapital in €	Zinsen in €	Summe in €
1 Jahr	200,00	4,00	200,00 + 4,00 = 204,00
2 Jahre	200,00 + 204,00 = 404,00		
3 Jahre			
4 Jahre			

Zinssatz 4 % (Runde sinnvoll.)

	Kapital in €	Zinsen in €	Summe in €
1 Jahr	200,00	8,00	200,00 + 8,00 = 208,00
2 Jahre	200,00 + 208,00 = 408,00		
3 Jahre			
4 Jahre			

3 Peter hat zu seinem Geburtstag insgesamt 500 € geschenkt bekommen. Er möchte das Geld anlegen, damit er später einmal einen Teil seines Führerscheins bezahlen kann. Derzeit bietet ihm seine Bank einen Zinssatz von 3,5 % an. Er rechnet mit einer Laufzeit von acht Jahren. Will man das Anwachsen des Kapitals über ____ Jahre berechnen, so muss man den Anfangsbetrag von __________ € mit dem Zinsfaktor __________ insgesamt ______ -mal multiplizieren. Rechnung: ______________________________

Nach acht Jahren beträgt das Kapital ____________________. Insgesamt gesehen vergrößert sich das Kapital um ____________ %.

4 Herr Schnell will sich ein neues Auto für 13 000 € kaufen. Vergleiche die Angebote.

Gut & Günstig

Anzahlung:	**2 600 €**
Laufzeit:	**36 Monate**
Rate:	**185,10 €**
Schlussrate:	**5 200 €**

Gesamtkosten: ______________________________

Reich & Reichlich

Kapital:	**13 000 €**
Zinssatz:	**4,8 %**
Zinsen im Jahr:	**______ €**
Laufzeit:	**3 Jahre**

Gesamtkosten: ______________________________

Berechne für beide Finanzierungen die Gesamtkosten.

Für Herrn Schnell ist das Angebot ______________________________ besser, er spart __________ €.

Wenn er bei seiner Bank den Kredit in drei Jahresraten zurückzahlen will, sind das pro Jahr __________ €.

Herr Schnell muss hierfür jeden Monat __________ € zurücklegen.

Fülle die Lücken. Löse dann die Beispielaufgaben.

Prozentangaben

32 % ist eine andere Schreibweise für $\frac{32}{}$.

Allgemein ist p % nur eine andere Schreibweise für $\frac{p}{100}$.

$\frac{17}{100}$ = 0,_____ = _____ %

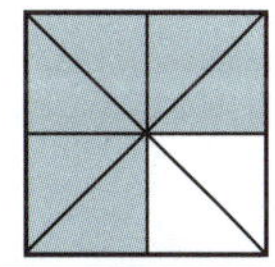

___ = _____

= $\frac{}{100}$ = ____ %

Berechnung des Prozentsatzes p %

Man dividiert den Prozentwert ___ durch den Grundwert G: $p\% = \frac{W}{G}$.

Beispiel

Von 28 Kindern haben 7 keine Hausaufgaben.

W = 7, G = 28, p % = ________

Berechnung des Prozentwertes

Man multipliziert den Prozentsatz p % mit dem Grundwert ___. $W = p\% \cdot G = \frac{p}{100} \cdot G$

Beispiel

60 % der 50 Kinder im Bus sind Mädchen.

p % = 60 %, G = 50, W = _____

Berechnung des Grundwertes

Man dividiert den ________ W durch den Prozentsatz p %.
$G = \frac{W}{p\%} = \frac{W}{\frac{p}{100}} = W \cdot \frac{100}{p}$

Beispiel

Heike erhält 10 % Rabatt. Sie bezahlt also 90 %, das sind 99 €.

W = 99 €, p % = 90 %, G = _____ €

Prozentwert größer als der Grundwert

Für einen Prozentwert, der größer als der Grundwert ist, erhält man einen Prozentsatz größer als 100 %.

Für einen ____________ größer als 100 % erhält man

einen ____________, der größer als der Grundwert ist.

Ein Brot wird um 5 % teurer verkauft. Es kostet nun 3,15 €.

$G = \frac{W}{p\%}$ = ________

= _____ €

Prozentrechnung und Zinsrechnung

Begriffe bei der Bank	Begriffe der Prozentrechnung
Zinssatz (p %)	(p %)
Jahreszinsen (Z)	(W)
Guthaben oder Kapital (K)	(G)

Berechnung der Jahreszinsen: $Z = K \cdot p\%$

Berechnung des ____________: $K = \frac{Z}{p\%}$

Berechnung des ____________: $p\% = \frac{Z}{K}$

K = 350 €; p % = 3 % = 0,03; gesucht: Z

$Z = K \cdot p\%$ = ____ · ____ = ____

Z = 120 €; p % = 5 % = _____; gesucht: K

K = $\frac{}{}$ = $\frac{}{}$ = ____

Z = 318 €; K = 6000; gesucht: p %

p % = $\frac{}{}$ = $\frac{}{}$ = ____

p % = ____ %

Tageszinsen Z_t und Laufzeit t

Zunächst berechnet man die ________zinsen. Danach berechnet man die Tageszinsen als ________ der Jahreszinsen.

Piets Sparguthaben beträgt ein Jahr lang 500 €, der Zinssatz 2 %. Zinsen am Jahresende:

2 % von 500 € = ______ €

Zinsen für 30 Tage:

______ $\cdot \frac{30}{360}$ = ______ €

Flächeninhalt von Parallelogramm und Dreieck

1 Kennzeichne jeweils eine Grundseite und die zugehörige Höhe. Berechne den Flächeninhalt.

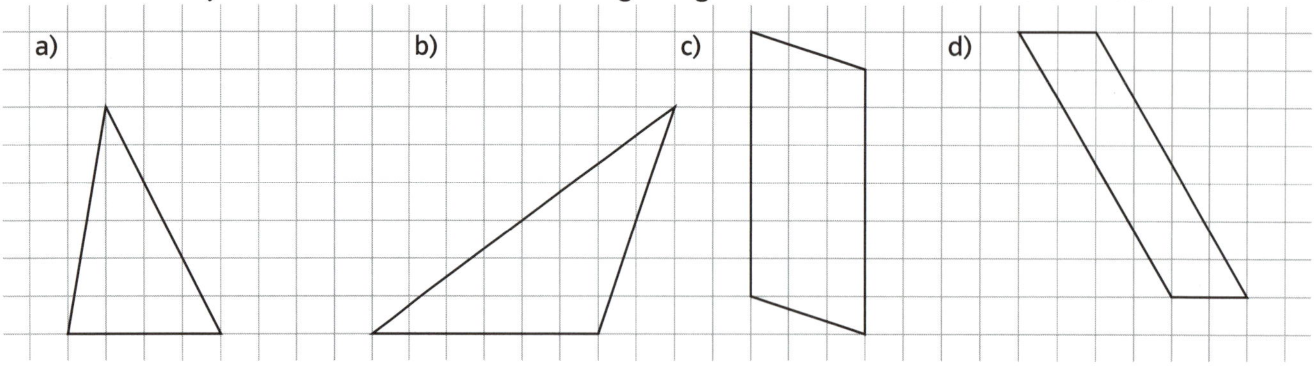

A = ____________ A = ____________ A = ____________ A = ____________

2 a) Zeichne das Parallelogramm ABCD mit A(4 | 1), B(7 | 1), C(3 | 5) und D(0 | 5) in das Koordinatensystem.

b) Bestimme den Flächeninhalt in cm^2.

____

c) Zeichne ein Dreieck mit dem Flächeninhalt $A = 12\,cm^2$ in das Koordinatensystem ein.

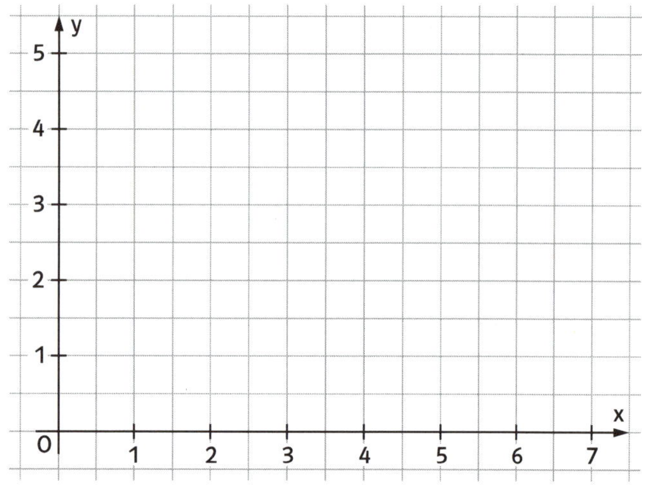

3 a) Zeichne ein Parallelogramm mit $a = 3\,cm$ und $b = 2{,}5\,cm$ und $\alpha = 53°$ und daneben ein flächengleiches Rechteck.

b) Wenn eine Seitenlänge eines Parallelogramms verdoppelt wird, dann ____________ sich der Flächeninhalt des Parallelogramms.

c) Wenn eine Seitenlänge verdreifacht und die Länge der zugehörigen Höhe verdoppelt wird, dann ____________ sich der Flächeninhalt des Parallelogramms.

4 Das Treppenhaus zum Keller im Hause Maler soll neu gestrichen werden. Damit die Farbe gut deckt, muss die Wandfläche zweimal gestrichen werden.

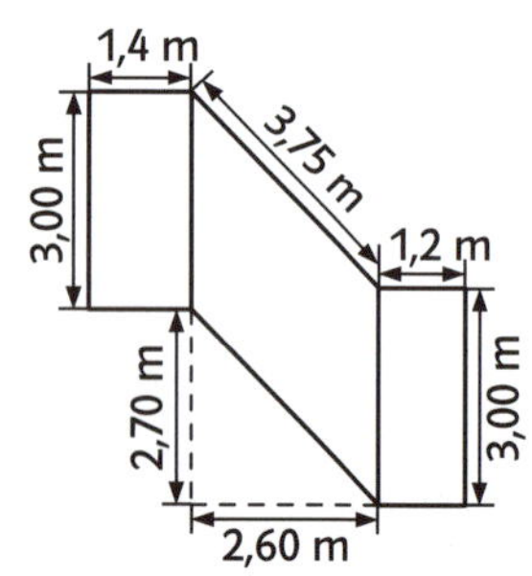

a) Berechne die zu streichende Fläche. ______________________________

____

b) Herr Maler möchte eine möglichst kleine Farbmenge kaufen. Daher kommen zwei Angebote für 5-l-Eimer infrage. Erkläre, warum er sich gegen das preiswertere Angebot entscheidet.

____

____

____

1 Berechne den Flächeninhalt.

a)

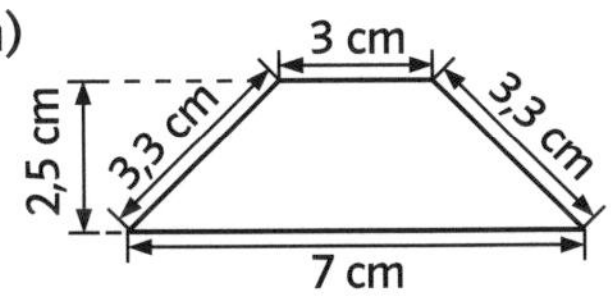

A = ______________

= ______________

b)

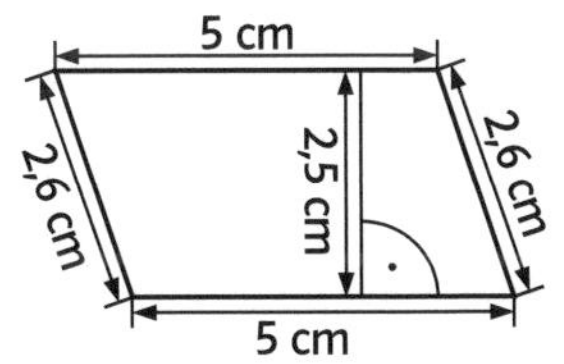

A = ______________

= ______________

c)

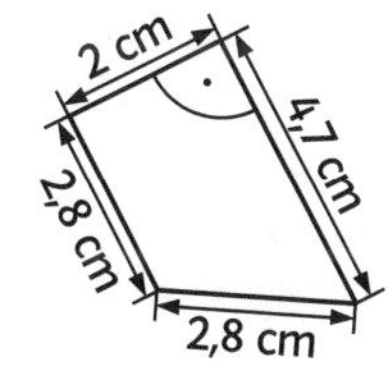

A = ______________

= ______________

2 Gegeben sind die Punkte A(1 | −2), B(3 | −1), C(3 | 1), D(1 | 3), E(−4 | −3), F(−1 | −3), G(−1 | 0) und H(−4 | 3). Zeichne die Trapeze ABCD und EFGH in ein Koordinatensystem und berechne ihre Flächeninhalte.

A_{ABCD} = ______________

A_{EFGH} = ______________

3 Wer wohnt auf dem größeren Grundstück?

Pauls Grundstück

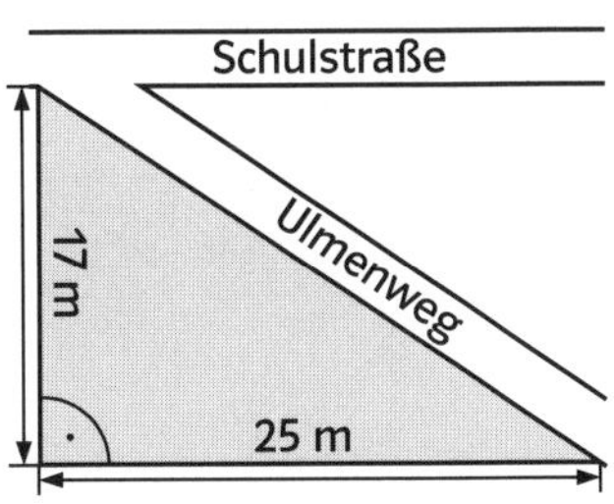

Julias Grundstück

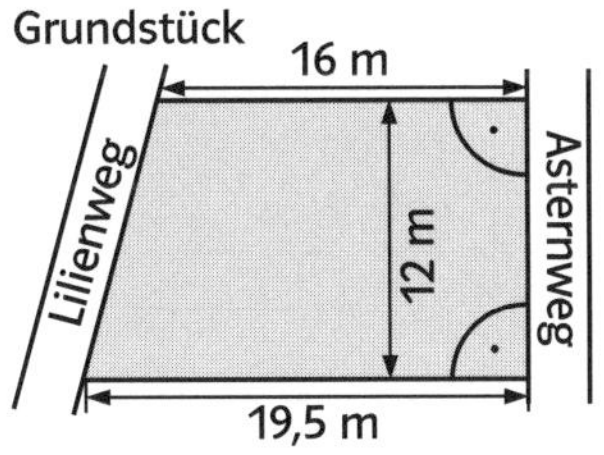

A_{Paul} = ______________ A_{Julia} = ______________

Antwort: ______________

4 Meyers wollen die Giebelwand ihres Hauses verputzen lassen.

a) Wie groß ist die Fläche der Wand insgesamt?

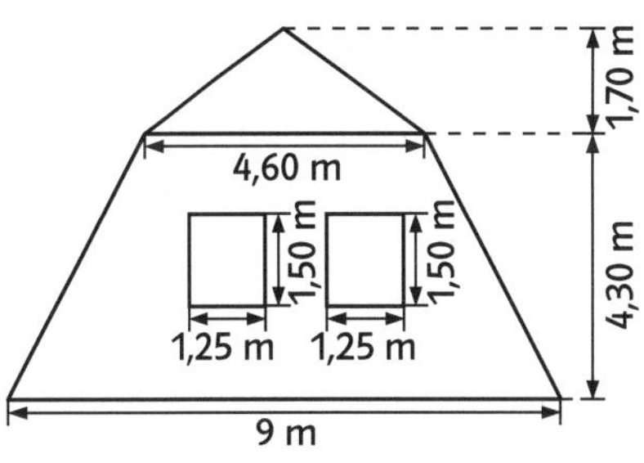

$A_{Dreieck}$ = ______________

A_{Trapez} = ______________

A_{gesamt} = ______________

b) Wie groß ist die zu verputzende Giebelfläche?

$A_{Fenster}$ = ______________

$A_{Giebelfläche}$ = ______________

c) Wie viel kostet das Verputzen der Giebelfläche, wenn ein Quadratmeter mit 30 € berechnet wird?

Preis = ______________

1 Tim hat bei einigen zylinderförmigen Gegenständen (Dose, Anspitzer, Litfaßsäule) den Durchmesser gemessen. Bestimme den Umfang.

a) Durchmesser 9 cm
Umfang:
3,14 · 9 cm = ____________
____

b) Durchmesser 3 cm
Umfang:
____________ =
____

c) Durchmesser 1,5 m
Umfang:
____________ =
____

2 Berechne zu den abgebildeten Kreisen zunächst den Umfang und zeichne dann eine Strecke, die so lang ist wie der berechnete Umfang des Kreises.

$U = \pi \cdot d$ oder
$U = 2\pi r$

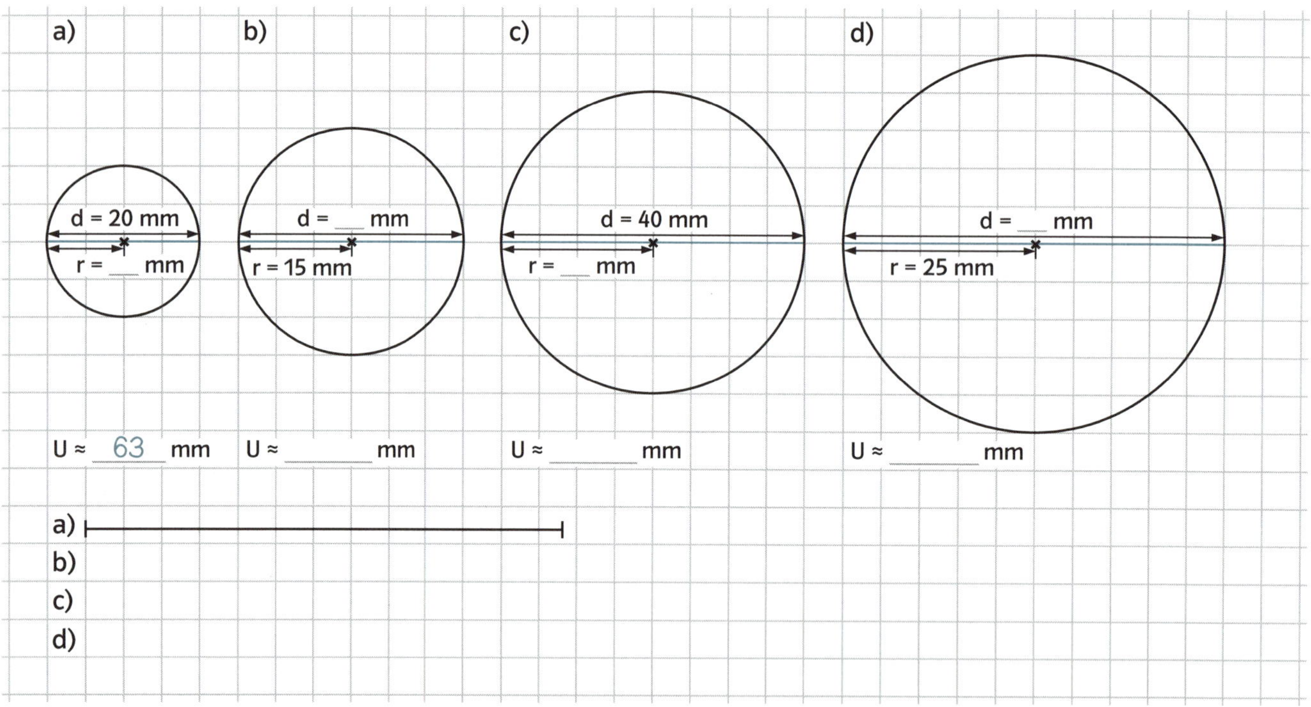

3 Die Pizzeria Toscana wirbt mit einer Maxipizza, die einen Umfang von 1 Meter haben soll. Sabine glaubt nicht, dass es eine so große Pizza gibt, und berechnet den Durchmesser der Pizza: 100 cm : 3,14 = ____________ cm.
Die Jumbo-Pizza mit einem Durchmesser von 36 cm hat sogar einen Umfang von 3,14 · 36 cm = ____________ cm = ____________ m.

4 Der Umfang der Erde (gemessen z. B. am Äquator) ist ungefähr 40 000 km lang. Den Durchmesser der Erde kann man dann so berechnen:
40 000 km : 3,14 ≈ 12 738,8535 km =
____________________ m.
Denke dir ein Seil so eng um die Erde gespannt, dass kein einziges Blatt Papier mehr dazwischen passt. Nun soll dieses Seil um 1 Meter verlängert werden; es ist dann 40 000,001 km =
____________________ m lang. Ob man jetzt ein Blatt Papier dazwischen bekommt oder eine Maus darunter durchkriechen kann? Rechne im Heft:
40 000 001 m : 3,14 = ____________________ m.
Antwort: ____________________
____

Flächeninhalt eines Kreises

1 Ergänze die fehlenden Angaben in der Tabelle.

	a)	b)	c)
Radius	5 m		
Durchmesser		8 km	1 m
Flächeninhalt			

2 Wie groß ist der Flächeninhalt eines 10-ct-Stücks? Schätze zunächst:

______ cm^2

Miss nun den Durchmesser eines 10-ct-Stücks aus

deinem Geldbeutel: ____ mm (Radius: ____ mm)

$A \approx 3{,}14 \cdot$ ____ $^2\ mm^2 = 3{,}14 \cdot$ ____ mm^2

$=$ ______ $mm^2 \approx$ ____ cm^2.

Hast du gut geschätzt?

____

3 Ein Kreis hat den Umfang 50 cm. Wie groß ist sein Flächeninhalt?

Durchmesser: 50 cm : ____ = ______ cm

≈ ____ cm (Runde auf cm.)

Radius: ____ cm

Flächeninhalt: $3{,}14 \cdot$ ____ $^2\ cm^2 =$ ______ cm^2

≈ ______ cm^2 (Runde auf cm^2.)

4 Welches Angebot ist günstiger? In einer Pizzeria in Stockholm gibt es verschieden große (aber gleich dicke) Pizzas. Eine Pizza mit dem Durchmesser 30 cm kostet 30 Kronen, eine Pizza mit dem Durchmesser 40 cm kostet 40 Kronen.

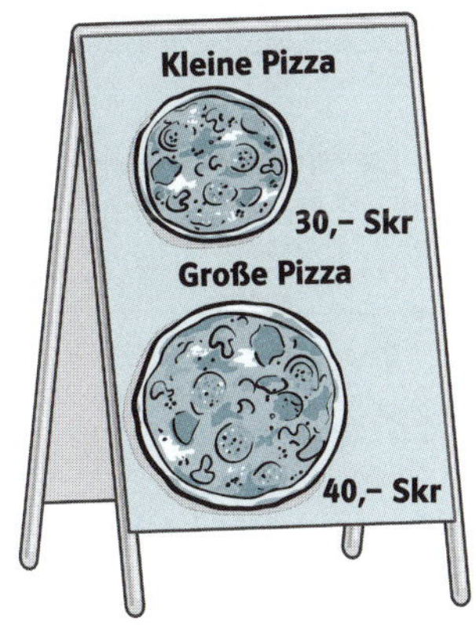

Fläche der kleinen Pizza: $3{,}14 \cdot$ ____ $^2\ cm^2 =$ ______ cm^2 für 30 Kronen.

Für eine Krone bekommt man also ______ $cm^2 : 30 =$ ______ cm^2.

Fläche der großen Pizza: $3{,}14 \cdot$ ____ $^2\ cm^2 =$ ______ cm^2 für 40 Kronen.

Für eine Krone bekommt man also ______________________.

Die ______________ Pizza ist daher das bessere Angebot.

5 Tanja findet in einem Backbuch ein Rezept für einen Tortenboden für eine Springform mit einem Durchmesser von 20 cm. Da sie acht ihrer Freundinnen zum Kaffee eingeladen hat, möchte sie das Rezept für eine Springform mit einem Durchmesser von 28 cm abändern. Wie muss sie die Mengenangaben verändern? Du kannst ihr sicher helfen.

- 75 g Mehl
- 30 g Margarine
- 1 Eigelb
- 25 g Zucker

Die 20-cm-Springform hat einen Radius von ____ cm, also beträgt der Flächeninhalt des Bodens

$A = \pi \cdot$ ____ $^2\ cm^2 \approx 3{,}14 \cdot$ ____ $cm^2 =$ ____ cm^2. Die 28-cm-Springform hat einen Radius von ____ cm

und der Boden entsprechend einen Flächeninhalt von $A = \pi \cdot$ ____ $^2\ cm^2 \approx 3{,}14 \cdot$ ____ $cm^2 =$ ____ cm^2.

Der Flächeninhalt der großen Springform ist ungefähr ______________ so groß wie der Flächeninhalt

der kleinen Form; Tanja muss die Mengenangaben also einfach ______________.

6 Ein Lochverstärkungsring hat einen äußeren Durchmesser von 13 mm. Wie groß ist seine Fläche, wenn der Radius des Lochs halb so groß ist wie der äußere Radius?

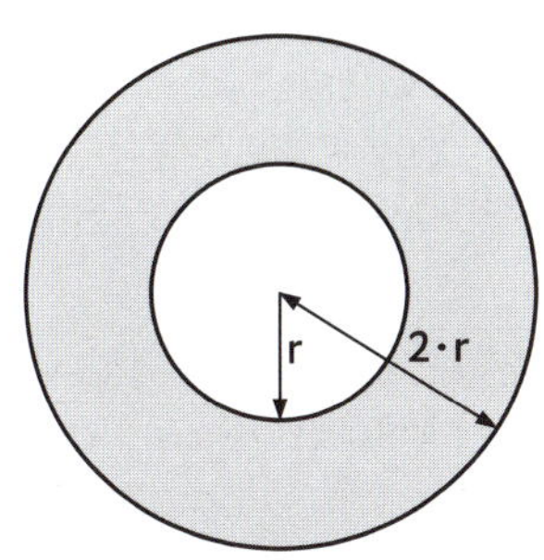

Äußerer Radius: ____ mm, innerer Radius: ______ mm.

Flächeninhalt (mit Loch) $\approx 3{,}14 \cdot$ ____ $^2\ mm^2 =$ ______ mm^2

Flächeninhalt des Lochs $\approx 3{,}14 \cdot$ ____ $^2\ mm^2 =$ ______ mm^2.

Differenz: ______________ mm^2

1 Bestimme jeweils die Länge des Kreisbogens und die Fläche des Kreisausschnittes.

a) $r = 5\,cm;\ \alpha = 80°$

$b = \frac{80°}{360°} \cdot 2 \cdot \pi \cdot 5\,cm$

b = ______

$A = \frac{\quad}{360°} \cdot \pi \cdot (\quad)^2$

A = ______

b) $r = 3{,}5\,cm;\ \alpha = 63°$

b = ______

b = ______

A = ______

A = ______

c) $d = 5\,cm;\ \alpha = 40°$

b = ______

b = ______

A = ______

A = ______

2 Berechne die fehlenden Größen der Kreisausschnitte.

	a)	b)	c)	d)	e)
Mittelpunktswinkel α	60°	75°	200°	150°	110°
Radius r	4 cm				
Durchmesser d		14 m			
Bogenlänge b			370 dm		
Flächeninhalt A				$2094{,}4\,mm^2$	
Umfang U					19,6 km

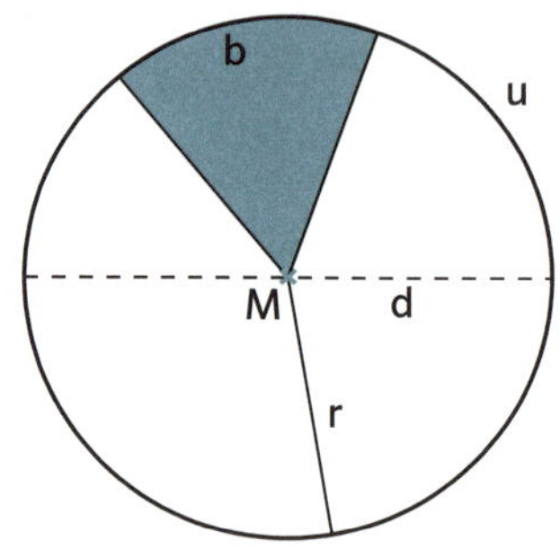

3 Bestimme jeweils den zugehörigen Mittelpunktswinkel α sowie den Flächeninhalt A bzw. Bogenlänge b.

a) $r = 8\,cm;\ b = 5\,cm$

$\alpha = \frac{5\,cm \cdot 360°}{2 \cdot \pi \cdot 8\,cm}$

α = ______

$A = \frac{\quad}{360°} \cdot \pi \cdot (\quad)^2$

A = ______

b) $r = 6{,}5\,dm;\ A = 10\,dm^2$

$\alpha = \frac{\quad \cdot 360°}{\pi \cdot (\quad)^2}$

α = ______

$b = \frac{\quad}{360°} \cdot 2 \cdot \pi \cdot \quad$

b = ______

c) $d = 6\,m;\ b = 9\,m$

$\alpha = \frac{\quad \cdot 360°}{2 \cdot \pi \cdot \quad}$

α = ______

$A = \frac{\quad}{360°} \cdot \pi \cdot (\quad)^2$

A = ______

4 Zeichne die nebenstehende Figur in Originalgröße. Bestimme bzw. berechne den Umfang und den Flächeninhalt der blau gefärbten Figur. [T1], [T2]

Umfang: ______

Flächeninhalt: ______

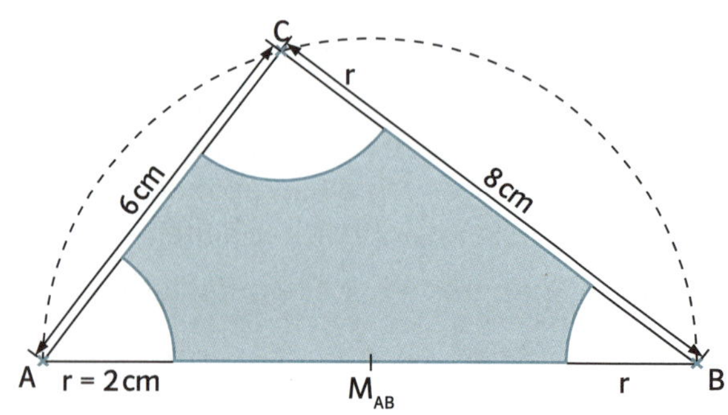

[T1] Stelle dir die Kreisausschnitte nebeneinander gelegt vor. [T2] Beachte den Satz des Thales.

Fülle die Lücken. Löse dann die Beispielaufgaben.

Parallelogramm

Die Fläche des Parallelogramms kann auf ein

________________ zurückgeführt werden.

Flächeninhalt A = Seite mal zugehörige ______

$A = a \cdot h_a$

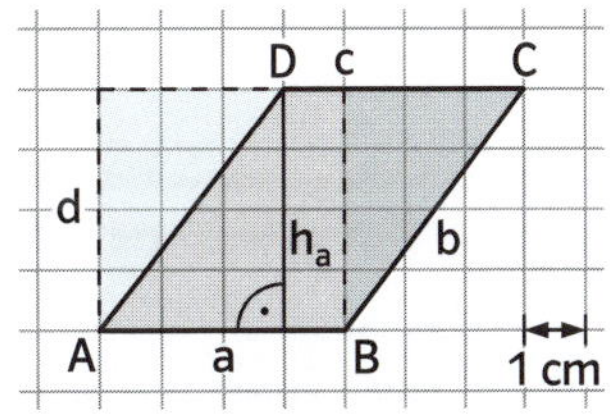

A = __________

= __________

Dreieck

Jedes Dreieck lässt sich als Hälfte eines

________________ auffassen.

Flächeninhalt $A = \frac{1}{2} \cdot a \cdot h_a$

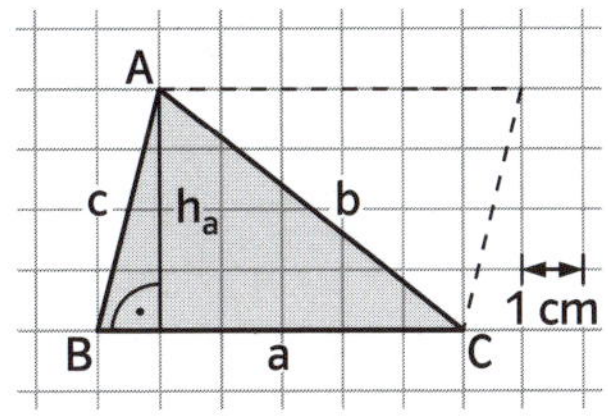

A = __________

= __________

Trapez

Der Flächeninhalt eines Trapezes mit den parallelen Grundseiten a und c und der Höhe h ist

________ so groß wie die Fläche eines Parallelogramms mit der Seitenlänge a + c und der zugehörigen Höhe h_a.

Flächeninhalt $A = \frac{a + c}{2} \cdot h_a$

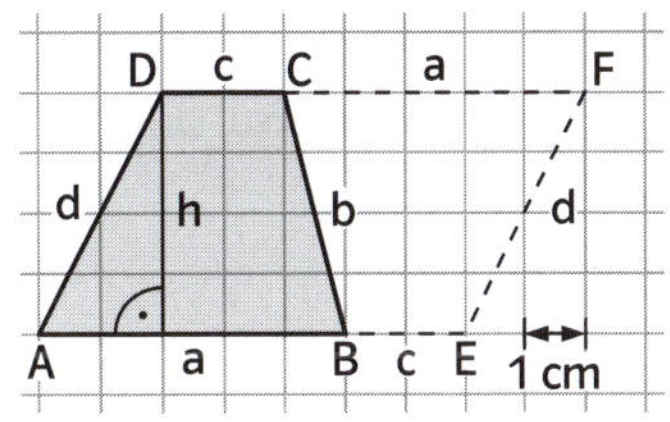

A = __________

= __________

= __________

Kreis

Den Flächeninhalt eines Kreises erhält man, wenn

man den __________ quadriert und mit der

__________ π multipliziert.

π beträgt ungefähr 3,14.

Flächeninhalt $A = \pi \cdot r^2$

Der Umfang eines Kreises ergibt sich als Produkt der

Kreiszahl π mit dem __________ .

Umfang $U = \pi \cdot d = \pi \cdot 2 \cdot r$

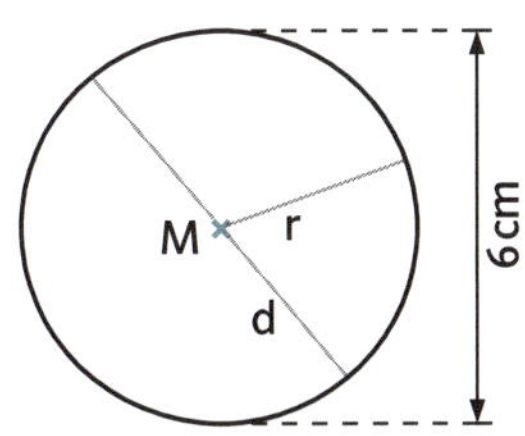

d = 6 cm, r = __________

A = __________

U = __________

Kreis	r = 2 cm d =	r = d = 10 cm	r = d =
Fläche A			
Umfang U			6,28 m

Kreisausschnitt und Kreisbogen

Die Fläche eines Kreisausschnittes und die Länge eines Kreisbogens werden anteilig zu dem entsprechenden Vollkreis mit 360° berechnet.

In Abhängigkeit zum

____________________ α gilt:

$A = \frac{\alpha}{360} \cdot \pi \cdot r^2$ und $b = \frac{\alpha}{360} \cdot 2 \cdot \pi \cdot r$ bzw.

$b = \frac{\alpha}{360} \cdot \pi \cdot d$

Berechne die Fläche des Kreisausschnittes und die Länge des Kreisbogens.

A = __________

b = __________

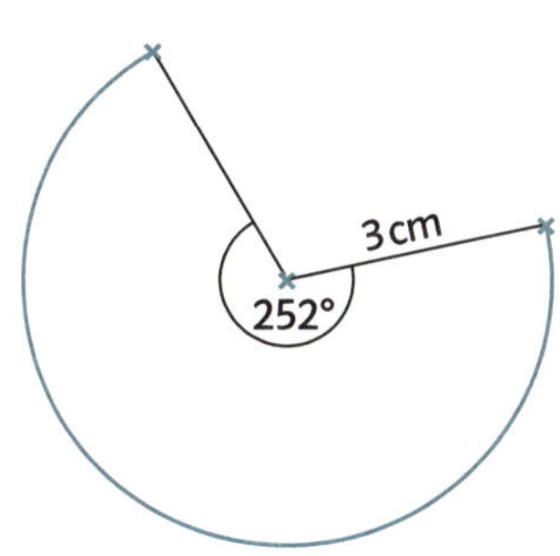

1 Berechne.

a) $3\frac{3}{4} \cdot \left(1\frac{1}{10} + \frac{1}{2}\right) - 5{,}9$

= ______

= ______

= ______

= ______ = ______

b) $|6 - 14| : |-3 + 5 - 4|$

= ______

= ______

= ______

c) $||-4| - |-2 \cdot 3{,}5|| \cdot |-9|$

= ______

= ______

= ______

= ______

2 Berechne mit dem Taschenrechner die fehlende Größe. Runde, wo nötig, auf zwei Nachkommastellen.

Grundwert	1024 ha	2000 l		8,03 m	1195 l		1124 kg	998 €	
Prozentwert	42 ha		19,10 cm²	4015 mm		42 €	234 kg		352
Prozentsatz		12 %	0,25 %		0,20 %	19,3 %		3 %	2 %

3 Bei Barzahlung seines Einkaufs darf Herr Lage von seinem Rechnungsbetrag 3 % Skonto abziehen. Er bezahlt nur noch 2910,00 €. Wie hoch war der Ursprungspreis? Wie viel hat er gespart?

2910,00 € entsprechen ______ %.

Der Ursprungspreis betrug ______ €;

Herr Lage hat ______ € gespart.

4 Berechne die fehlenden Werte.

	Kapital	Zinsen	Zinssatz	Zeit
a)	2000,00 €	12,50 €	5 %	Tage
b)	17 000,00 €	€	3,4 %	90 Tage
c)	8000,00 €	100,00 €	5 %	Monate
d)	900,00 €	27,00 €	%	180 Tage
e)	1250,00 €	€	7 %	36 Tage

5 Berechne den Flächeninhalt der Trapeze in cm².

a)

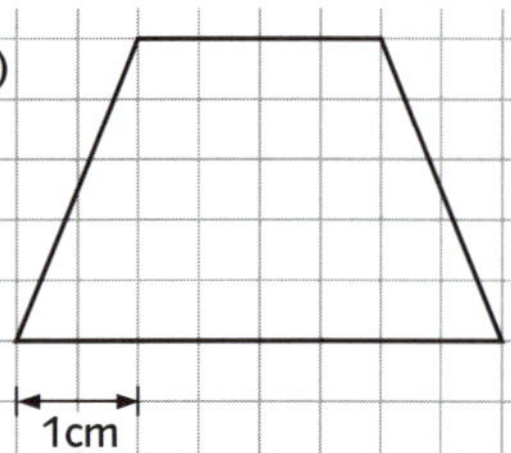

b)

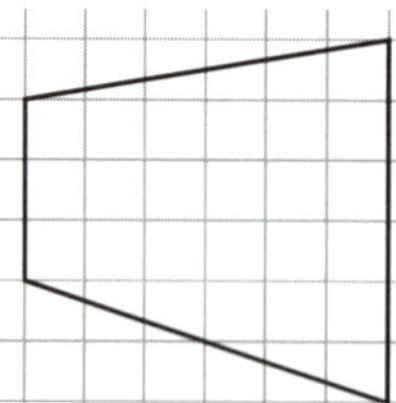

c)

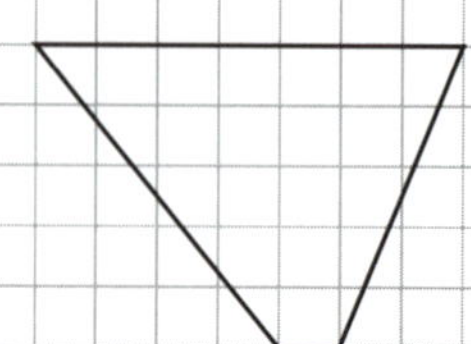

A = ______

A = ______

A = ______

6 Bestimme den Flächeninhalt und den Umfang der blau gefärbten Flächen (2 Kästchen ≙ 1 cm).

a)

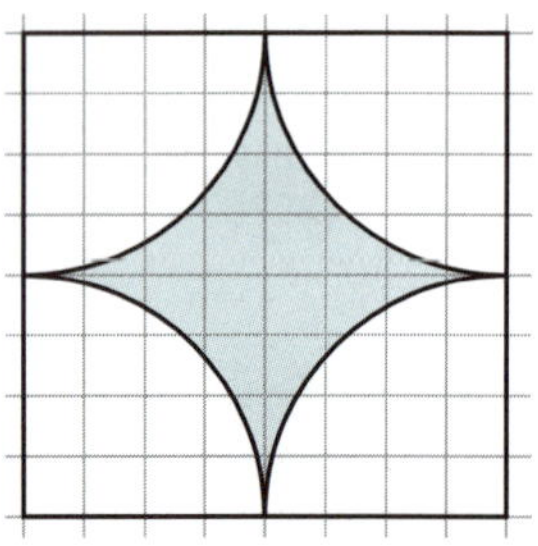

A ≈ ______

U ≈ ______

b)

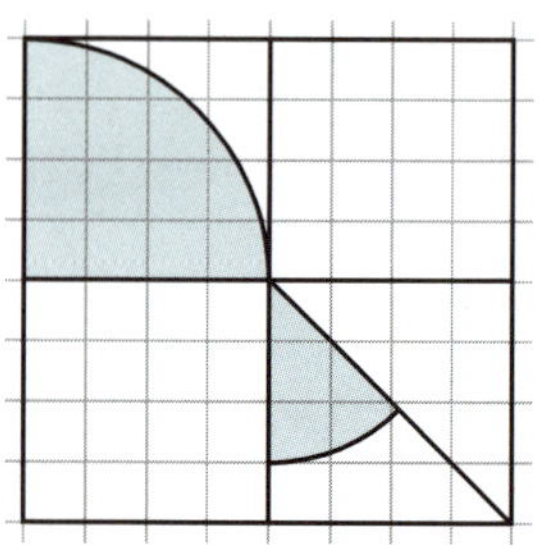

A ≈ ______

U ≈ ______

Aufstellen von Termen – Formeln

1 Bilde einen Term. Wie du die Variable nennst, kannst du selbst bestimmen.

a) Verringere eine Zahl um 12.

b) Gesucht ist der Vorgänger einer natürlichen Zahl.

c) Verdreifache eine Zahl.

d) Dividiere eine Zahl durch −6.

e) Dividiere eine Zahl durch −7, addiere dann 3,18.

f) Subtrahiere eine Zahl von 15.

2 Bilde auch hier einen Term.

a) Die Hälfte der Differenz aus x und 1,7:

b) Das Vierfache der Summe aus $\frac{1}{2}$ und a:

c) Das Produkt aus 3 und b halbiert:

d) Das Doppelte der Summe aus z und 4:

e) Ein Drittel der Differenz aus n und 12:

f) Das Fünffache des Quotienten aus x und 2,5:

3 Stelle für die Gesamtlänge der schwarzen Linie einen Term auf.

a)

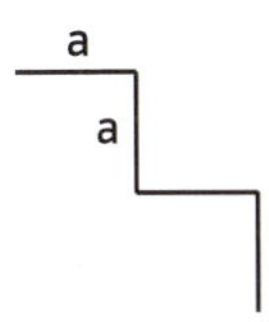

b)

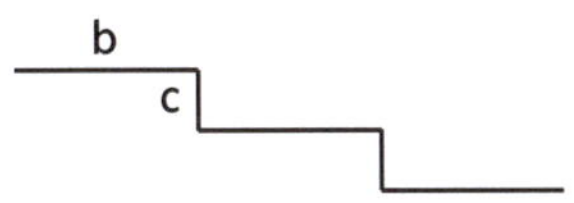

4 Zeichne einen Streckenzug, dessen Gesamtlänge durch den Term 2d + 4e gegeben ist.

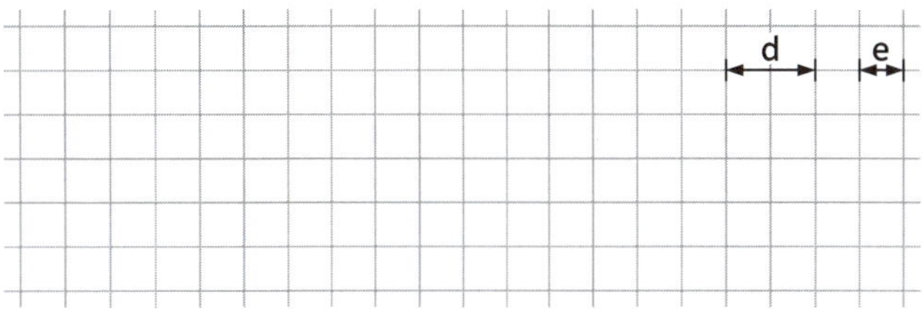

5 Zu jedem Term gehört eine der vier Rechenvorschriften. Welche ist die richtige?

a) (x + 3) · 3 − 3 ____

b) (3 · x − 3) + 3 ____

c) (x + 3) : 3 + 3 ____

A | x ⟶ addiere 3 ⟶ dividiere durch 3 ⟶ addiere 3

B | x ⟶ addiere 3 ⟶ multipliziere mit 3 ⟶ subtrahiere 3

C | x ⟶ multipliziere mit 3 ⟶ addiere 3 ⟶ subtrahiere 3

D | x ⟶ multipliziere mit 3 ⟶ subtrahiere 3 ⟶ addiere 3

6 Ordne der Beschreibung den richtigen Term zu.
Umkreise den zugehörigen Buchstaben und du erhältst ein Lösungswort: ____

die Zahl vervierfachen und vom Ergebnis 12 abziehen	R | 4 · (x − 12)	L | 4 · x − 12
die Differenz aus 108 und der Summe aus 45 und einer Zahl	L | 108 − (45 + x)	E | (108 − 45) + x
zu 234 die gedachte Zahl addieren und das Ergebnis durch 3 dividieren	A | (234 + x) : 3	I | 234 + x : 3
zu −23 das Fünffache der Zahl addieren	B | −23 + 5 · x	N | −(23 + 5) · x
die Differenz aus 4,5 und dem dritten Teil der gedachten Zahl	F | (4,5 − x) : 3	S | 4,5 − x : 3
vom Quotienten aus 45 und der gedachten Zahl 15 subtrahieren	S | 45 : x − 15	E | 45 : 15 − x
der dritte Teil der Differenz aus dem Doppelten der Zahl und 4	U | (2 · x − 4) : 3	L | 2 · x − (4 : 3)
das Zweieinhalbfache der Zahl um 7 verringern	S | 2,5 · (x − 7)	F | 2,5 · x − 7

1 Die Buchstaben sind aus Strecken der Länge a und b entstanden.

a) Stelle für jeden Buchstaben den Term zur Berechnung der Gesamtlänge auf.

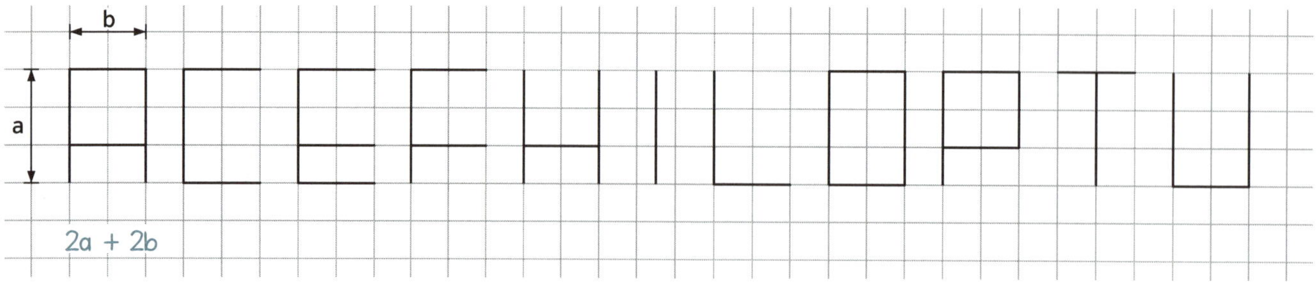

b) Stelle die Terme für die Gesamtlänge folgender Wörter auf und vereinfache.

LOCH $a + b + 2a + 2b + a + 2b + 2a + b = 6a + 6b$

LEUCHTE ____________________

FEILE ____________________

PFAU ____________________

c) a sei 1,5-mal so lang wie b, d.h. $a = 1{,}5 \cdot b$. Bestimme nun die Gesamtlänge der Nomen, indem du a durch 1,5b ersetzt.

LOCH $6a + 6b = 6 \cdot 1{,}5 \cdot b + 6b = 9b + 6b = 15b$

LEUCHTE ____________________

FEILE ____________________

PFAU ____________________

d) Finde ein Wort, dessen Gesamtlänge durch den Term $4a + 6b$ gegeben ist. ____________

e) Tina hat ein Wort mit der Gesamtlänge $6a + 13b$ gefunden. Findest du eines, in dessen Gesamtlänge b häufiger vorkommt? ____________

2 Vereinfache den Term.

a) $2r - r + 3r =$ ____________

b) $2{,}04 \cdot k + 0{,}3k + 7 \cdot k - 3{,}1k =$ ____________

c) $3x - x + 4x - 2x - 5x =$ ____________

d) $-\frac{1}{2}a + \frac{3}{2} \cdot a - 3 \cdot a =$ ____________

e) $2{,}3x - 0{,}8 + 3x =$ ____________

f) $7t - t \cdot \frac{1}{2} + \frac{1}{4}t =$ ____________

g) $y - \frac{2}{5} \cdot y - 0{,}2y =$ ____________

h) $-\frac{1}{4}a + \frac{1}{2}a - \frac{3}{4}a + a =$ ____________

3 Fülle die Lücken.

a) $7 \cdot a + 4a -$ ______ $= 9a$

b) $-3m - m +$ ______ $- 2m = -5m$

c) ______ $+ 2a - 5a = 4a$

d) ______ $- x + 12 = x + 12$

e) $24x -$ ______ $- 17x = x$

f) $2a - 4{,}5 + 3a +$ ______ $+$ ______ $= 7a - 4$

4 Addiere und fasse zusammen.

+	$4 \cdot x$	$x - 8{,}2$	$0{,}4 - \frac{2}{5}x$	$\frac{1}{2}x + 13$	$-6{,}6x + 1$	$27 - 0{,}2x$
$12x + 3$	$16x + 3$					
$x + 1$						
$7x - 3{,}01$						

1 Bearbeite die Tabelle. Verbessere die Fehler.

Term	vereinfachter Term	Wert des Terms für			
		$x = 2$	$x = -1$	$x = -3$	$x = \frac{1}{2}$
$6x + 2x - 3 + x$		15	−11	−30	1,5
$3 + x \cdot 4{,}2 - 2x$		7,6	0,8	−3,6	4,1
$-2{,}5x + 5 + 1{,}5x + \frac{1}{2}$		2,5	1,5	8,5	5
$\frac{1}{2}x + 2{,}2 - \frac{1}{4}x$		2,7	1,45	2,2	2,325
$\frac{1}{3}x - 4x - \frac{5}{6}x$		−9	4,5	13,5	−2,25
$\frac{6}{16}x + \frac{1}{4}x - \frac{1}{8}x$		1	1	−1,5	2

2 Vervollständige die magischen Quadrate. Die Summen der Zeilen, Spalten und der Diagonalen müssen gleich sein.

a)

$3a - 2$	$a + 2$	$2a$
	$2a$	

Summe: ______________

b)

$2a + 2$	a	$1{,}5a + 4$
		$a + 2$

Summe: ______________

Zur Erinnerung:
$a = 1 \cdot a = 1a$
$-a = (-1) \cdot a = -1a$
$0 \cdot a = 0a = 0$

3 Sind die Terme richtig zusammengefasst? Wenn du die entsprechenden Buchstaben markierst, erhältst du ein Lösungswort.

	richtig	falsch	richtige Lösung
$2 \cdot a - 3a - a = -2a$	T	Ö	
$19 \cdot x - 19 + b + 4b - 12 = 5b - 12$	S	N	
$0{,}8z - 0{,}2z + 0{,}9z = 1{,}5z$	E	T	
$-7z + a + 5z - 3a = -2z - 2a$	L	E	
$3p - 2p - 4 \cdot p = 9p$	R	A	
$4m + 9m + 6m - 2n = 17m$	L	V	
$17y + 17 + 17y - 17 = 17y$	L	I	
$b - \frac{3}{4}b + \frac{1}{4} = 0{,}25b + 0{,}25$	U	C	
$\left(-\frac{1}{2}\right)a + 2a - \frac{1}{2}a = a$	Q	H	
$7 + 4{,}3m - 3{,}6m + 7 = -0{,}7m + 14$	E	Ä	

4 Stelle einen Term für die Gesamtlänge der Kanten auf und vereinfache.

a)

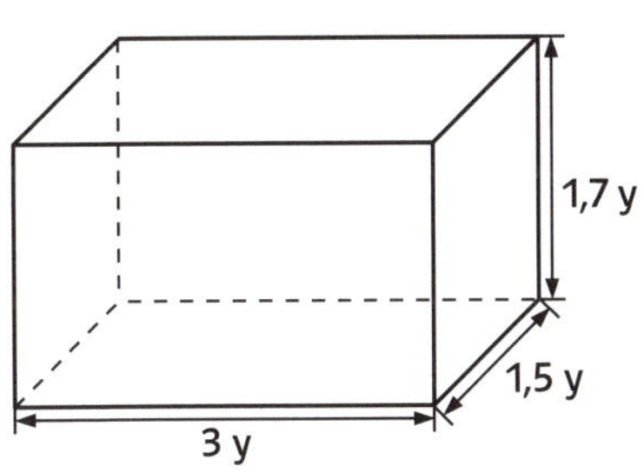

____
____
____

b)

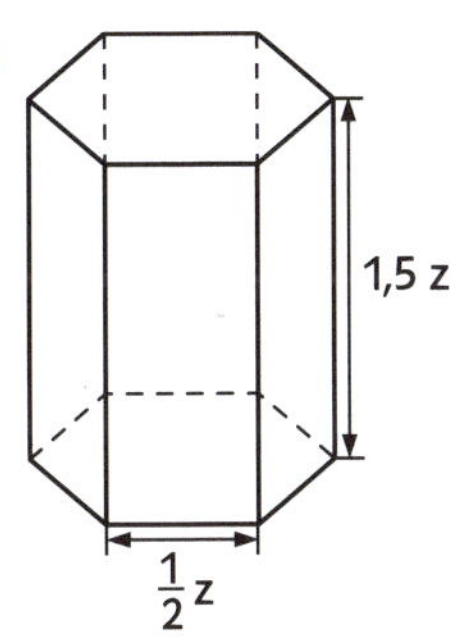

____
____
____

c)

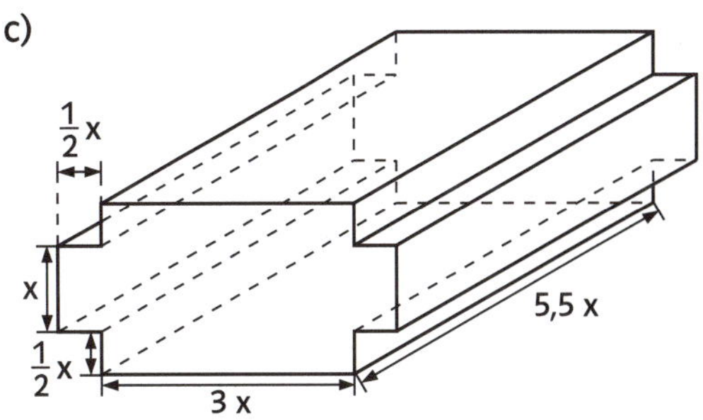

____
____
____

Ausmultiplizieren und Ausklammern – Distributivgesetz

1 Die Terme in den grauen Kästchen wurden umgeformt. Färbe die weißen Kästchen rot, deren Terme durch die Anwendung des Kommutativgesetzes entstanden sind. Wenn das Assoziativgesetz benutzt wurde, färbe entsprechend grün ein.

$(2 \cdot a + 4) + 3$ | $(b \cdot 5) \cdot 2$ | $(3 + 2 \cdot a) + 4$ | $(y \cdot 0{,}5) \cdot 4$ | $3 \cdot (z \cdot 2 \cdot 4)$ | $s + (3 + 9) + s$

$(x + 5) + 3$ | $(2 \cdot b) \cdot 5$ | $3 + (2 \cdot a + 4)$ | $4 \cdot (y \cdot 0{,}5)$ | $(3 \cdot z \cdot 2) \cdot 4$ | $(s + 3) + (9 + s)$

$2 \cdot (b \cdot 5)$ | $x + (5 + 3)$ | $3 + (x + 5)$ | $(4 \cdot y) \cdot 0{,}5$ | $3 + 2 \cdot (a + 4)$ | $4 \cdot (3 \cdot z \cdot 2)$ | $(9 + s) + (s + 3)$

2 Die folgenden Terme wurden mithilfe des Kommutativgesetzes (K) und des Assoziativgesetzes (A) gleichwertig umgeformt. Gib das jeweils verwendete Gesetz in den Kästchen an und vereinfache.

a) $(5 \cdot z) \cdot z = 5 \cdot (z \cdot z) =$ ______ ☐

b) $(x \cdot 3) \cdot (-2) = x \cdot (3 \cdot (-2)) =$ ______ ☐

c) $(2 + 2 \cdot y) + 4y = 2 + (2y + 4y) =$ ______ ☐

d) $(-3) \cdot a \cdot 4 = (-3) \cdot 4 \cdot a =$ ______ ☐

3 Multipliziere aus.

a) $5 \cdot (x + 2) =$ ______

b) $0{,}5 \cdot (2 - 2x) =$ ______

c) $-2 \cdot (3 + x) =$ ______

d) $(4x - 2{,}4) \cdot (-\frac{1}{2}) =$ ______

e) $(-x + 2) \cdot (-4) =$ ______

f) $(3y - 4{,}2) \cdot (-1) =$ ______

4 Klammere den angegebenen Faktor aus.
Das Gesetz, das du hier anwendest, heißt

______ .

Faktor	Term	Ergebnis
3	$3x - 6$	$3 \cdot (x - 2)$
$\frac{1}{3}$	$\frac{1}{3} - \frac{2}{3}x$	
−2	$8 - 4x$	
−1	$-3x - \frac{1}{2}$	
0,5	$2{,}5x - 4{,}5$	
$-\frac{1}{4}$	$\frac{3}{4} - \frac{2}{4}x$	
16	$x \cdot 144 - 48$	

5 Fülle die Lücken.

Term	Ergebnis
$7x - 14$	☐ $\cdot$ (x − ☐)
$12 - 3x$	(4 − ☐) $\cdot$ ☐
6a − ☐	$2 \cdot$ (☐ a − 8)
$12 - 4b$	☐ $\cdot$ (b − ☐)
☐ + 1,5	☐ $\cdot$ (2a + 1)
$-5y - 125$	☐ $\cdot$ (☐ + 25)
$\frac{1}{2}x - 1{,}5$	☐ $\cdot$ (x + ☐)

6 Klammere einen gemeinsamen Faktor aus.

a) $8 + 12x =$ ______

b) $2 - 4x =$ ______

c) $2{,}5 - 5x =$ ______

d) $-8 + 24x =$ ______

e) $\frac{2}{3}x + \frac{1}{3} =$ ______

f) $\frac{4}{6} - \frac{1}{6}x =$ ______

7 Vereinfache den Term durch Zusammenfassen und Ausmultiplizieren. Du erhältst ein Lösungswort: ______ .

a) $3(2x - 4 + x) =$ ______

b) $(4x - 2 - x) \cdot 3 =$ ______

c) $-3 \cdot (4x - x + 2) =$ ______

d) $(-4x + x - 2) \cdot (-3) =$ ______

$9x - 6$ | N $-9x + 12$ | D $-9x - 6$ | D $9x + 12$ | I $6x - 9$ | M $9x - 12$ | E $9x + 6$ | E

Gleichungen und Ungleichungen

1 Schreibe zu der Pfeilaufgabe die Gleichung und löse sie dann mithilfe der Umkehraufgabe.

a) a $\xrightarrow{+7}$ 24 (Umkehrung: −7)

a + 7 = 24
24 − 7 = 17
a = 17

b) x $\xrightarrow{\cdot 5}$ 25,5

x =

c) y $\xrightarrow{:3}$ 17

y =

d) b $\xrightarrow{-4}$ −5

b =

e) x $\xrightarrow{\cdot 4}$ ☐ $\xrightarrow{-3}$ 17

x =

2 Löse die Aufgaben durch Probieren. Von jeder Lösung gibt die Zehnerstelle die Spalte und die Einerstelle die Zeile an. So findest du die Lösungsbuchstaben.

a) $3x = 99$; x = ____
b) $a - 19 = 22$; a = ____
c) $y + 3 = 18$; y = ____
d) $z : 2 = 27$; z = ____
e) $13 + x = 47$; x = ____
f) $x : 7 = 2$; x = ____
g) $4x + 2 = 46$; x = ____
h) $2x - 5 = 35$; x = ____
i) $n - 18 = 4$; n = ____
j) $17 - 2p = -83$; p = ____

	0	1	2	3	4	5
5	S	W	Z	I	L	A
4	A	U	L	G	Ö	E
3	U	E	M	B	F	O
2	O	R	E	H	P	T
1	P	N	I	K	E	U
0	A	N	G	D	K	N

Lösungswort: __ __ __ __ __ __ __ __ __ __

3 Unterstreiche alle Gleichungen, für die x = 5 die Lösung bildet. Die zugeordneten Buchstaben ergeben ein Lösungswort: __ __ __ __ __ __ __ __

a) $x : 5 = 1$ (K)
b) $3x - 5 = 7x + 15$ (U)
c) $3 \cdot x - 5 = 10$ (L)
d) $3 \cdot (x - 4) = 3$ (A)
e) $2(x + 4) = 3x$ (U)
f) $-2x + 3 = -12 + x$ (M)
g) $7x - 1 = 15 - (-3)x + 4$ (M)
h) $\frac{1}{5} \cdot (x - 10) = 1$ (S)
i) $-x - 12 = -27 + 2x$ (E)
j) $13 - 2x = 3(x - 4)$ (R)
k) $17 = 3(x + 4)$ (A)
l) $-(3 + x) = 12 + (-x - 15)$ (N)

4 Schreibe als Ungleichung und notiere fünf ganzzahlige Lösungen.

a) x ist größer als 5. ____
b) b ist höchstens so groß wie 7. ____
c) Die Summe aus 3 und a ist größer als (−3). ____
d) 9 ist größer als der Quotient aus x und 5. ____

5 Eine Seite eines rechteckigen Blumenbeets ist 3 m länger als die andere.

a) Wie lang darf die kürzere Seite sein, wenn der Umfang mindestens 62 m beträgt? Tipp: Nenne die kürzere Seite x. Dann lautet der Term für die längere Seite: ________. Nun überlegst du, wie du den Umfang eines Rechtecks bestimmst, und los geht's.

Ungleichung: ________ x ____

b) Wie lang darf die kürzere Seite höchstens sein, wenn der Umfang 64 m nicht überschreiten soll?

Ungleichung: ________ x ____

6 Die CD kostet die Hälfte der DVD. Zusammen kosten sie 30 €.

Gleichung: ________

Antwort: ________

1 Die Waage ist im Gleichgewicht. Löse wie im Beispiel.

a)
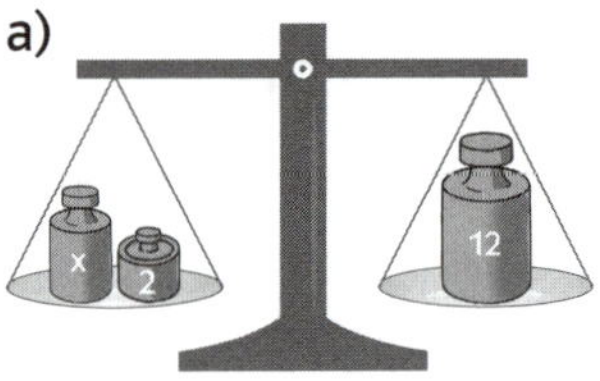

x + 2 = 12

x = 10

b)
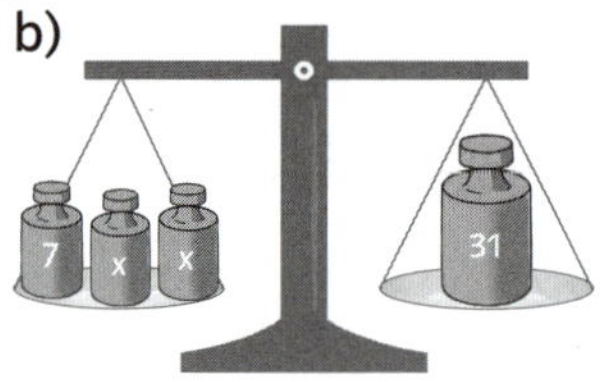

c)
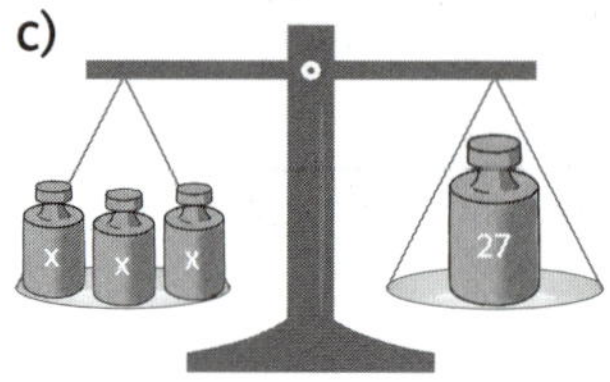

d)
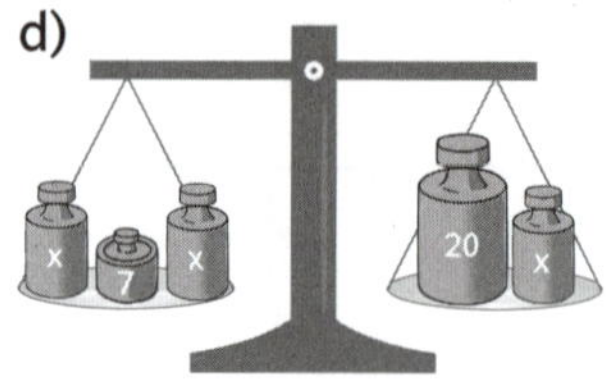

2 Stelle die Gleichung zeichnerisch dar. Schreibe die Lösung unter die Waage.

a) $3x + 3 = 12$

x = ______

b) $2x = x + 8$

x = ______

c) $2x + 12 = 3x + 8$
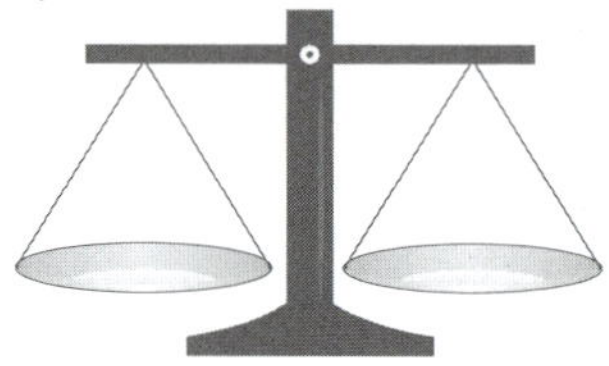

x = ______

d) $2(x + 1) = 12$
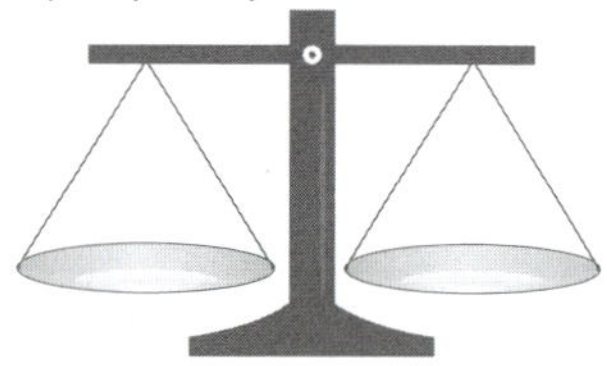

x = ______

3 Löse wie im Beispiel.

a) $x - 18 = 12 \mid + 18$
$x = 30$
Probe: $30 - 18 = 12$

b) $z - 0{,}5 = -3{,}6$
Probe: ______

c) $y \cdot 4 = 32$
Probe: ______

d) $a : (-4) = 12$
Probe: ______

e) $\frac{1}{2}x \cdot 5 = 10$
Probe: ______

f) $b : \frac{1}{4} = -8{,}8$
Probe: ______

4 Löse die Gleichungen in deinem Heft. Male die Ergebnisfelder an.

a) $\frac{1}{3}x = 1$ x = ____
b) $-\frac{x}{2} + 4 = -16$ x = ____
c) $4x - 21 = 51$ x = ____
d) $-4x + 3 = x + 18$ x = ____
e) $5x - 49 = 86$ x = ____
f) $x + \frac{1}{4} = -\frac{1}{4}$ x = ____
g) $117 = 8x - 35$ x = ____
h) $100 - 9x - 23 = 5 - x$; x = ____
i) $9x - 489 = -12$ x = ____
j) $0 = 0{,}5x - 12$ x = ____
k) $12x + 17 - 6x = 77$ x = ____
l) $\frac{1}{3} - \frac{1}{2}x = -\frac{1}{6}$ x = ____
m) $69 = 18 + 12x - 9 - 9x$; x = ____
n) $x + 4 = 2x - 1$ x = ____
o) $35 - x + 4 = 27$ x = ____
p) $-\frac{3}{4} - 3x = 5\frac{1}{4}$ x = ____

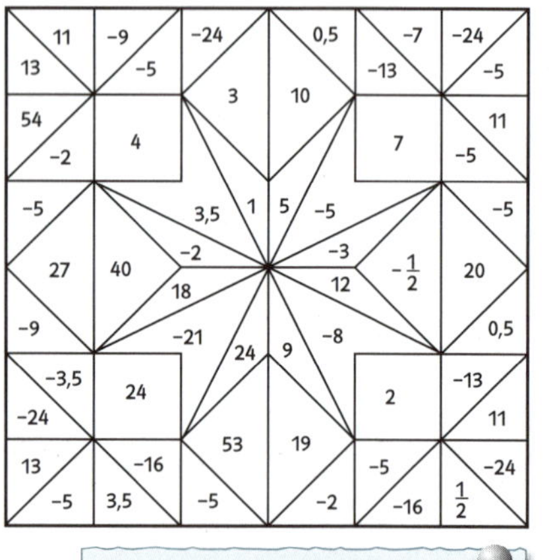

Tipp: Wenn du unsicher bist, führe die Probe durch.

5 a) Der PC kostet mit Monitor 650 €. Der Monitor kostet 300 € weniger als der Computer.

x steht für: ______

Gleichung: ______

Antwort: ______

b) Subtrahiere 1 vom Dreifachen der Zahl, nimm dann das Ergbenis mit 4 mal und du erhältst 32.

x steht für: ______

Gleichung: ______

Antwort: ______

Lambacher Schweizer

Mathematik für Gymnasien

7

Lösungen zum Arbeitsheft

Rheinland-Pfalz

Basiswissen | Teilbarkeit Seite 3

1

a) Teiler von 40
$40 = 1 \cdot 40$
$40 = 2 \cdot 20$
$40 = 4 \cdot 10$
$40 = 5 \cdot 8$
$T_{40} = \{1, 2, 4, 5, 8, 10, 20, 40\}$

b) Teiler von 104
$104 = 1 \cdot 104$
$104 = 2 \cdot 52$
$104 = 4 \cdot 26$
$104 = 8 \cdot 13$
$T_{104} = \{1, 2, 4, 8, 13, 26, 52, 104\}$

2

a) 60, 72, 84, 96
b) 63, 72, 81, 90, 99
c) 56, 84
d) keine
e) 55, 66, 77, 88, 99
f) 72
g) 36

3

a)
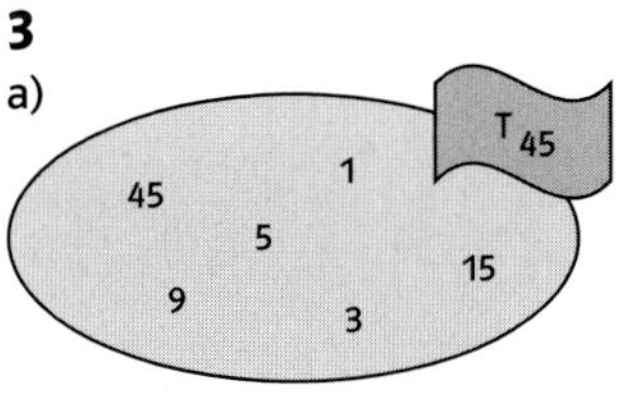

b)
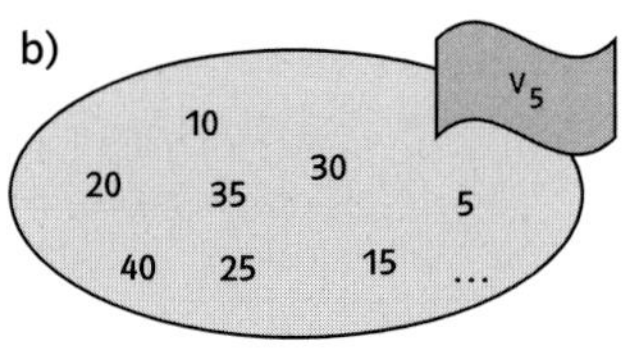

c)
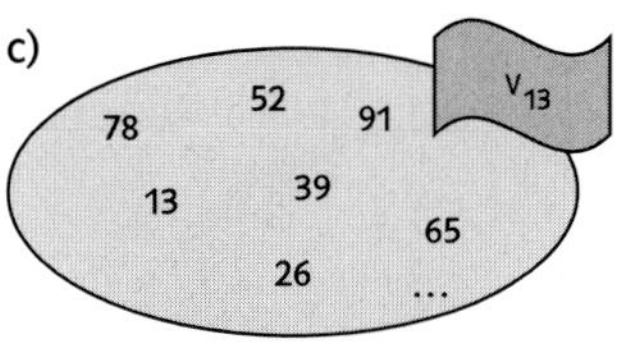

d)
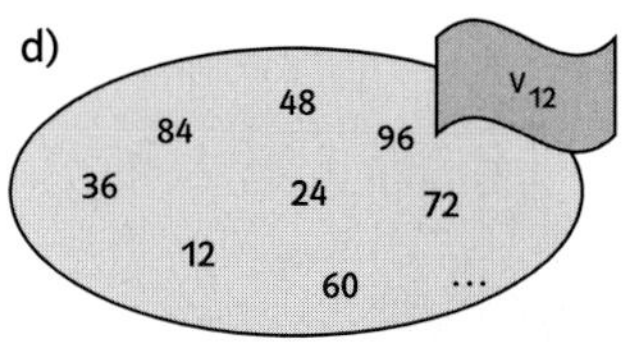

e)
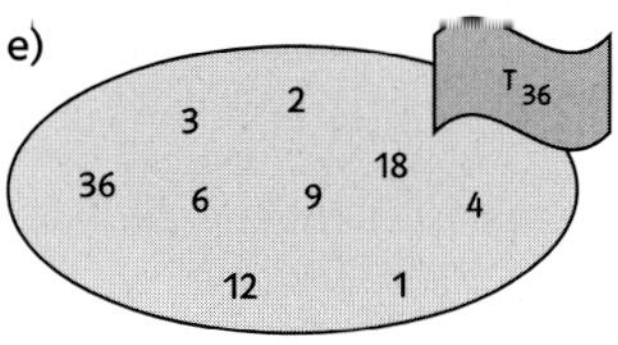

f)
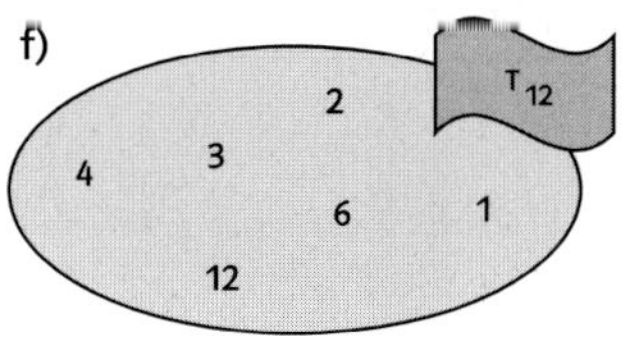

4

a) Diese Aussage ist falsch. Gegenbeispiel: ggT(60; 84) = 12, aber $60 = 2^2 \cdot 3 \cdot 5$ und $84 = 2^2 \cdot 3 \cdot 7$.
b) Diese Aussage ist falsch. Gegenbeispiel: kgV(60; 120) = 120, aber 120 ist größer als 60.

5

Die Frage nach dem gleichzeitigen Abfahren der beiden Buslinien erfordert zunächst, das kgV der beiden Zahlen 12 und 15 zu finden.
$V_{12} = \{12; 24; 36; 48; 60; 72 \ldots\}$
$V_{15} = \{15; 30; 45; 60; 75 \ldots\}$
kgV(12; 15) = 60
Die Busse der beiden Linien fahren also laut Fahrplan genau 60 Minuten nach 5:45 Uhr zum ersten Mal wieder zur gleichen Zeit vom Busbahnhof ab. Dann ist es genau 6:45 Uhr.

Basiswissen | Rechnen mit Bruchzahlen, Seite 4

1

a) $\frac{1}{7} + \frac{2}{3} = \frac{17}{21}$
b) $\frac{4}{9} + \frac{1}{3} = \frac{7}{9}$
c) $\frac{2}{3} - \frac{1}{2} = \frac{1}{6}$
d) $\frac{4}{5} - \frac{1}{3} = \frac{7}{15}$
e) $\frac{1}{3} \cdot \frac{2}{3} = \frac{2}{9}$
f) $\frac{3}{7} \cdot \frac{1}{15} = \frac{1}{35}$
g) $\frac{1}{4} : \frac{3}{2} = \frac{1}{6}$
h) $\frac{3}{5} : \frac{1}{4} = \frac{12}{5}$

2

a) $\frac{1}{4} + \frac{1}{3} = \frac{7}{12}$
b) $\frac{5}{7} - \frac{1}{2} = \frac{3}{14}$
c) $\frac{3}{2} \cdot \frac{1}{9} = \frac{1}{6}$
d) $\frac{1}{8} \cdot \frac{2}{3} = \frac{1}{12}$

letzte Rechenaufgabe: $\frac{1}{5} + \frac{3}{4} = \frac{19}{20}$

3

a) $5 + 1\frac{1}{9} = \frac{55}{9} = 6\frac{1}{9}$
b) $2\frac{2}{3} + 4 = \frac{20}{3} = 6\frac{2}{3}$
c) $2\frac{1}{2} + 3\frac{1}{3} = \frac{35}{6} = 5\frac{5}{6}$
d) $4 - 2\frac{2}{5} = \frac{8}{5} = 1\frac{3}{5}$
e) $9\frac{7}{8} - 2 = \frac{63}{8} = 7\frac{7}{8}$
f) $3\frac{1}{4} - 2\frac{1}{7} = \frac{31}{28} = 1\frac{3}{28}$
g) $2 \cdot 2\frac{4}{5} = \frac{28}{5} = 5\frac{3}{5}$
h) $4\frac{1}{3} \cdot 3 = 13$
i) $1\frac{1}{3} \cdot 2\frac{1}{4} = 3$
j) $8 : 1\frac{1}{7} = 7$
k) $2\frac{4}{9} : 3 = \frac{22}{27}$
l) $1\frac{3}{5} \cdot 3\frac{1}{2} = \frac{28}{5} = 5\frac{3}{5}$

4

A $\frac{1}{4}$ C $\frac{2}{3}$ D $\frac{3}{5}$ E $\frac{52}{40}$
F $\frac{6}{25}$ G $\frac{15}{75}$ H $\frac{33}{60}$

Übrig bleiben:
B $\frac{1}{7}$ und B $0,\overline{142857}$

5

a) $\frac{1}{3} \cdot \frac{3}{5} - \frac{1}{2} : \frac{1}{2} = \frac{1}{5} - 1 = -\frac{4}{5}$

b) $\frac{1}{2} \cdot \left(3 - \frac{1}{4}\right) = \frac{1}{2} \cdot \frac{11}{4} = \frac{11}{8} = 1\frac{3}{8}$

c) $1\frac{1}{2} + 3 \cdot \frac{2}{3} = 1\frac{1}{2} + 2 = 3\frac{1}{2} = \frac{7}{2}$

d) $7 - 2 \cdot \left(\frac{7}{9} - \frac{1}{3}\right) \cdot \frac{1}{7} = 7 - \frac{2}{7} \cdot \frac{4}{9} = 7 - \frac{8}{63} = \frac{433}{63} = 6\frac{55}{63}$

6

a) $\frac{1}{2} \cdot \frac{2}{3} + \frac{1}{2} \cdot \frac{1}{4} = \frac{1}{2} \cdot \left(\frac{2}{3} + \frac{1}{4}\right) = \frac{1}{2} \cdot \frac{11}{12} = \frac{11}{24}$

b) $\frac{5}{7} + \frac{2}{3} - \frac{1}{7} - \frac{1}{3} = \frac{5}{7} - \frac{1}{7} + \frac{2}{3} - \frac{1}{3} = \frac{4}{7} + \frac{1}{3} = \frac{19}{21}$

c) $3 \cdot \frac{2}{9} + 3 \cdot \frac{2}{5} = 3 \cdot \left(\frac{2}{9} + \frac{2}{5}\right) = 3 \cdot \frac{28}{45} = \frac{28}{15} = 1\frac{13}{15}$

d) $\frac{2}{3} + \frac{1}{4} + \frac{2}{3} + \frac{1}{4} = \frac{2}{3} + \frac{2}{3} + \frac{1}{4} + \frac{1}{4} = \frac{4}{3} + \frac{2}{4} = \frac{11}{6} = 1\frac{5}{6}$

Basiswissen | Achsenspiegelung, Drehung, Verschiebung, Seite 5

1

Siehe Figur 1.

2

Siehe Figur 2.

3

a) $\alpha = 90°$

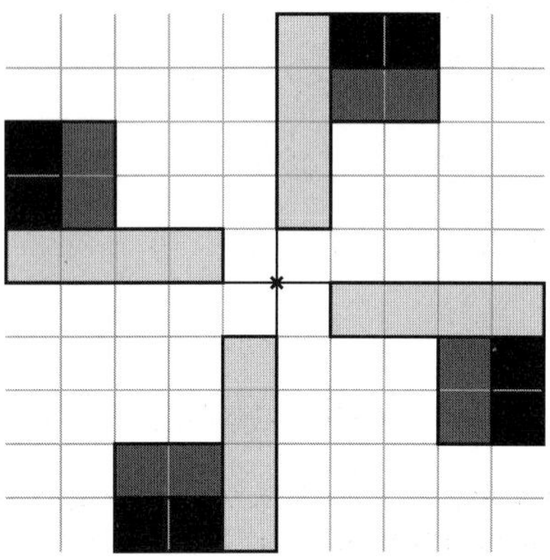

4-mal drehen

b) $\beta = 180°$

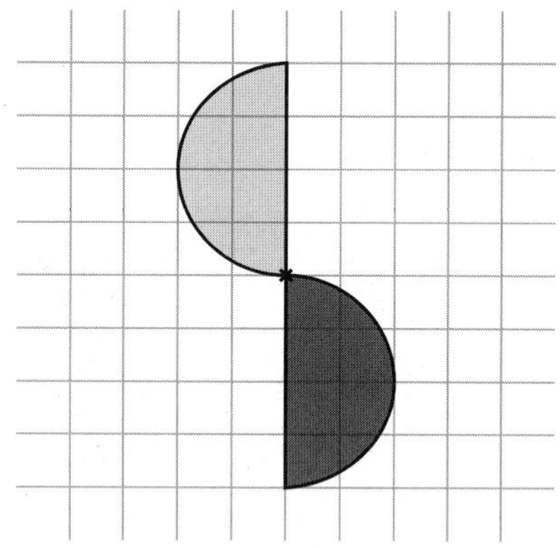

2-mal drehen

c) $\gamma = 45°$

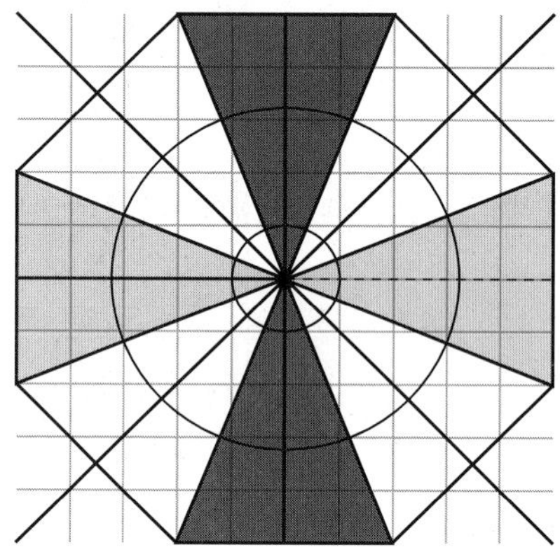

4-mal drehen

Figur 1

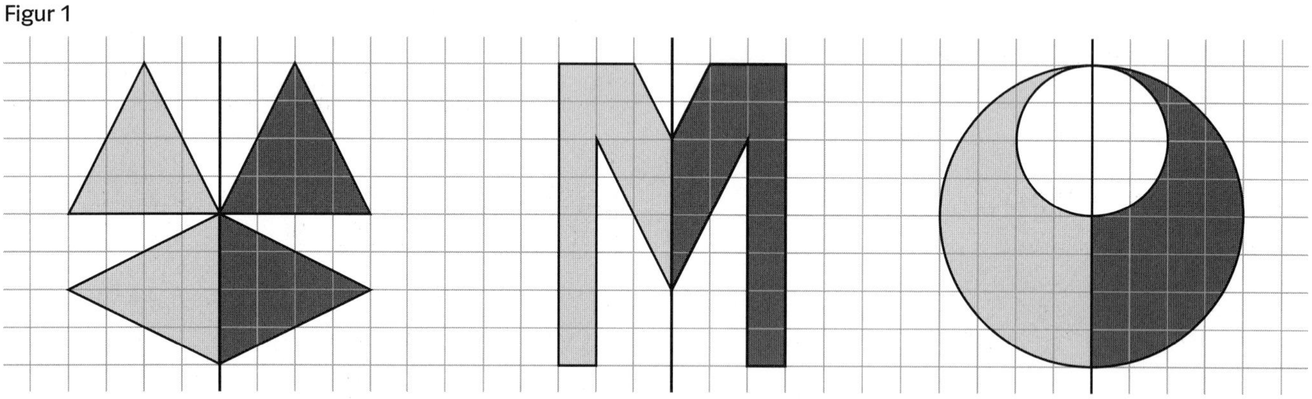

Figur 2

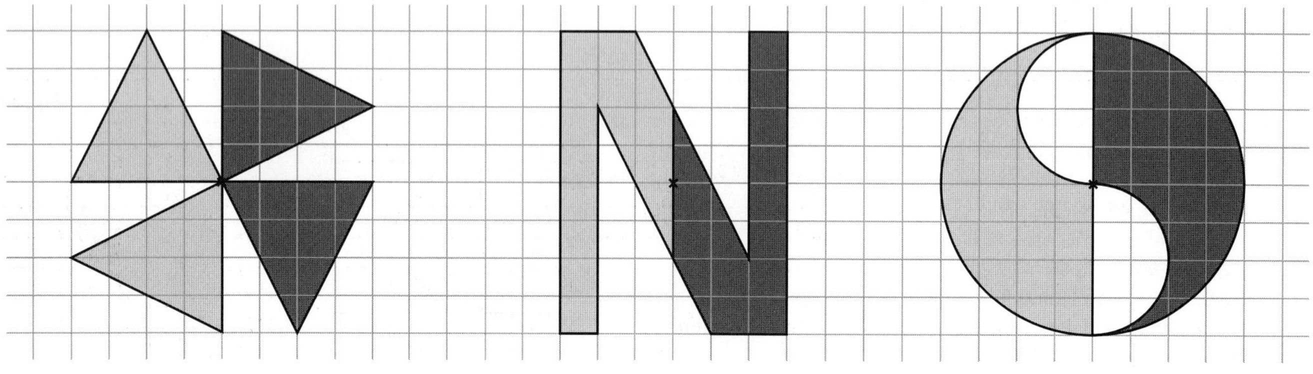

4

a) – d)
Siehe Figur 1.

Basiswissen | Rationale Zahlen, Seite 6

1

	a –	1	0	b 1						
	1			,						
c 0	,	3	1	2						
	4				d 5					
e 1	9				f 4	g 8				
	h 6	i 1	,	7	8					
		2			,		j –			k –
	l 9	7		m –	4	2	3	0	,	4
				6			,			,
	n –	o 3	,	4	3		6			0
		,		5		p 1	9	6		1
		9		0						

Waagrecht:

a) Der Quotient aus 909 und −9: −101
c) Das Produkt aus −12 und $-\frac{13}{500}$: 0,312
e) Größter Teiler von 627 (abgesehen von der Zahl selbst): 19
f) Kleinstes gemeinsames Vielfaches von 12 und 16: 48
h) $12{,}356 : \frac{1}{5} = 61{,}78$
l) Größte Primzahl kleiner als 100: 97
m) $1269{,}12 : \left(-\frac{3}{10}\right) = -4230{,}4$
n) $-\frac{17}{5} + \left(-2{,}01 + \frac{99}{50}\right) = -3{,}43$
p) Die Quadratzahl von 14 lautet: 196

Senkrecht:

a) Die Summe aus −1,5 und 0,004: −1,496
b) $3 \cdot \frac{2}{5} = 1{,}2$
d) $(2{,}034 + 3{,}45) \cdot 100 = 548{,}4$
g) $-\frac{16}{5} : \left(-\frac{2}{5}\right) = 8$
i) $(-2{,}3 + 3{,}57) \cdot 100 = 127$
j) $(-2) \cdot (-1{,}2 + 3{,}045) = -3{,}69$
k) $(3245 - 1823 \cdot 2) : 100 = -4{,}01$
m) $1000 \cdot (-2 - 3{,}4 - (1{,}9 - 0{,}85)) = -6450$
o) $1{,}6 + 2{,}3 = 3{,}9$

2

a) $(-2) \cdot (15 + (-3)) = -30 + 6 = -24$
b) $5 \cdot (20 + (-4{,}1)) = 100 + (-20{,}5) = 79{,}5$
c) $(4 - 2{,}3) \cdot (-3) = -12 - (-6{,}9) = -5{,}1$
d) $(-9{,}8 + 1{,}7) \cdot 5 = -49 + 8{,}5 = -40{,}5$
e) $\left(-0{,}3 + \frac{1}{2}\right) \cdot \frac{1}{5} = \left(-\frac{3}{10}\right) \cdot \frac{1}{5} + \frac{1}{2} \cdot \frac{1}{5} = -\frac{3}{50} + \frac{1}{10} = \frac{1}{25} = 0{,}04$
f) $\frac{1}{2} \cdot \left(\frac{3}{4} - 0{,}2\right) = \frac{1}{2} \cdot \frac{3}{4} - \frac{1}{2} \cdot \frac{1}{5} = \frac{3}{8} - \frac{1}{10} = \frac{11}{40} = 0{,}275$

Die Kärtchen 0,16 und 24 bleiben übrig.

3

a) $(-4) \cdot 3 + (-4) \cdot (-5) = (-4) \cdot (3 - 5) = (-4) \cdot (-2) = 8$
☐ −32 ☐ −8 ☒ 8 ☐ 27 ☐ 32
b) $12 \cdot (-2) - 12 \cdot (-11) = 12 \cdot (-2 - (-11)) = 12 \cdot 9 = 108$
☐ −158 ☐ −108 ☒ 108 ☐ 156
c) $-12 \cdot 7 + 2 \cdot (-7) = 7 \cdot (-12 + (-2)) = 7 \cdot (-14) = -98$
☒ −98 ☐ −70 ☐ 98 ☐ 70
d) $(-58) \cdot 6 - 6 \cdot (-18) = 6 \cdot (-58 - (-18)) = 6 \cdot (-40) = -240$
☐ −456 ☒ −240 ☐ 240 ☐ 456
e) $\frac{1}{2} \cdot \frac{1}{3} - \frac{1}{2} \cdot \frac{1}{4} = \frac{1}{2} \cdot \left(\frac{1}{3} - \frac{1}{4}\right) = \frac{1}{2} \cdot \frac{1}{12} = \frac{1}{24}$
☐ $-\frac{1}{24}$ ☐ $-\frac{1}{6}$ ☒ $\frac{1}{24}$ ☐ $\frac{1}{6}$
f) $\frac{3}{4} \cdot \frac{1}{3} + \left(-\frac{1}{3}\right) \cdot \left(-\frac{1}{8}\right) = \frac{1}{3} \cdot \left(\frac{3}{4} - \left(-\frac{1}{8}\right)\right) = \frac{1}{3} \cdot \frac{7}{8} = \frac{7}{24}$
☐ $-\frac{7}{24}$ ☐ $-\frac{5}{24}$ ☐ $\frac{1}{24}$ ☒ $\frac{7}{24}$
g) $\frac{1}{7} \cdot (-12) - \left(-\frac{1}{7}\right) \cdot 14 = \frac{1}{7} \cdot (-12 + 14) = \frac{1}{7} \cdot 2 = \frac{2}{7}$
☐ $-\frac{26}{7}$ ☐ $-\frac{2}{7}$ ☒ $\frac{2}{7}$ ☐ $\frac{26}{7}$

Basiswissen | Terme und Gleichungen, Seite 7

In die Hinweiszettel auf dem rechten Rand werden folgende Begriffe eingesetzt: zuerst; Strichrechnung; Distributivgesetz.

1

a) 6 b) 1,1 c) 1 d) −3,7
e) 37 f) 12

2

4 · 1,80 € + 4 · 1,20 € = 4 · (1,80 € + 1,20 €) = 4 · 3,00 € = 12,00 €

3

x	1	2	5	4	14	10	20	34
3x − 2	1	4	13	10	40	28	58	100

4

a) $x = 7$ b) $x = -1$ c) $x = 5$
d) $x = -\frac{1}{3}$ e) $x = \frac{7}{8}$ f) $x = \frac{5}{3}$

Figur 1

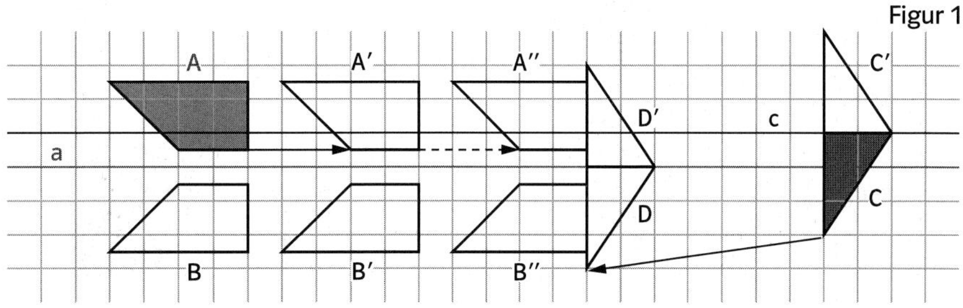

5

a) (1) Zerlegung der Figur in Streifen der Breite b:

Gesamtfläche = b · 4a + b · 3a + b · 2a + b · a
= b · (4a + 3a + 2a + a) = 10ab

(2) Zerlegung der Figur in Rechtecke der Höhe a und der Breite b:

Gesamtfläche = a · b · (1 + 2 + 3 + 4) = 10ab

b) Gesamtfläche = 10ab = 10 · 4cm · 2cm = $80\,cm^2$

6

a) $A = x \cdot 4\,cm + 3\,cm^2$ b) $U = 2x + 9\,cm$
c) $A = 9\,cm^2$ d) $x = 2\,cm$
e) $x = 0\,cm$ f) $U = 9\,cm$

Basiswissen | Daten, Seite 8

1

Note	1	2	3	4	5	6
Anzahl	3	6	12	6	3	0
relative Häufigkeit	$\frac{3}{30} = \frac{1}{10}$	$\frac{6}{30} = \frac{1}{5}$	$\frac{12}{30} = \frac{2}{5}$	$\frac{6}{30} = \frac{1}{5}$	$\frac{3}{30} = \frac{1}{10}$	0
in %	10 %	20 %	40 %	20 %	10 %	0 %

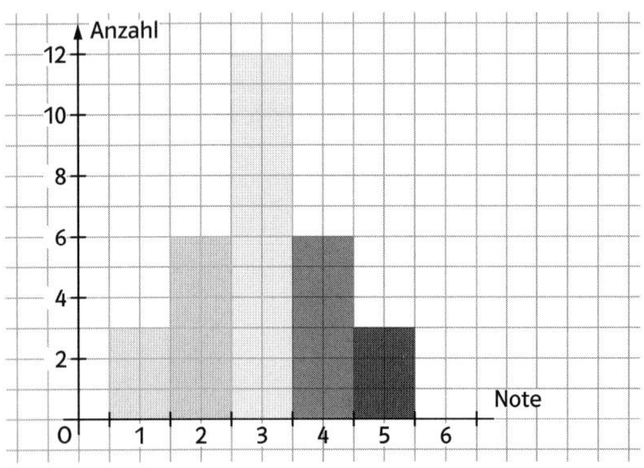

2

Note	1	2	3	4	5	6
Mittelpunktswinkel	36°	72°	144°	72°	36°	0°

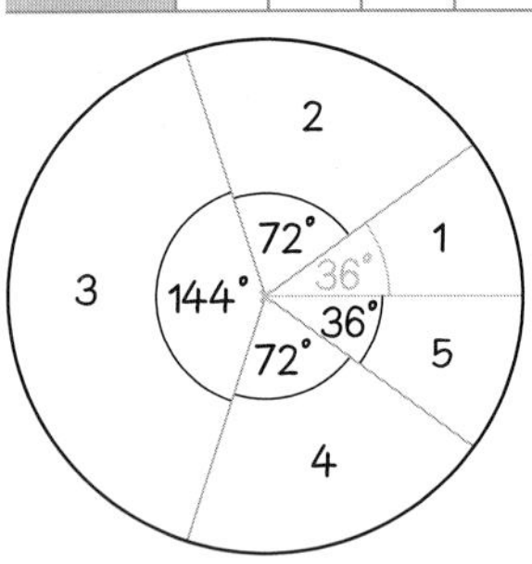

3

Die Einträge lauten in der Reihenfolge:
Vater; 6; Maren; Sylvia; $3\frac{2}{3}$; $4\frac{1}{3}$; 22; 6,60 €.

4

Die Ranglisten lauten jeweils:

a) 20 cm; 50 cm; 70 cm; 70 cm; 127 cm; 200 cm; 200 cm; 280 cm; 310 cm; 450 cm

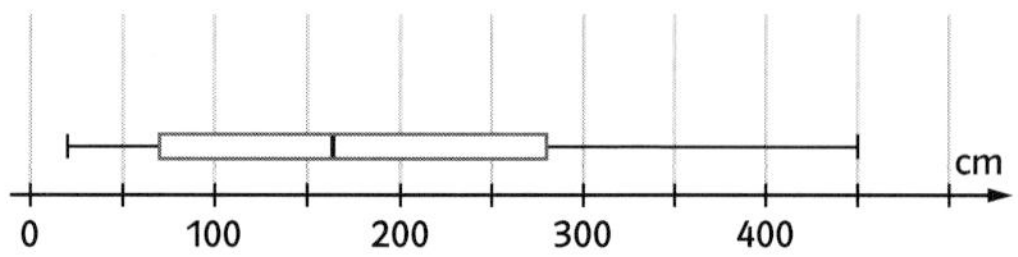

b) 0,25 kg; 0,5 kg; 1 kg; 1,2 kg; 1,5 kg; 1,5 kg; 2 kg; 2 kg; 2,3 kg

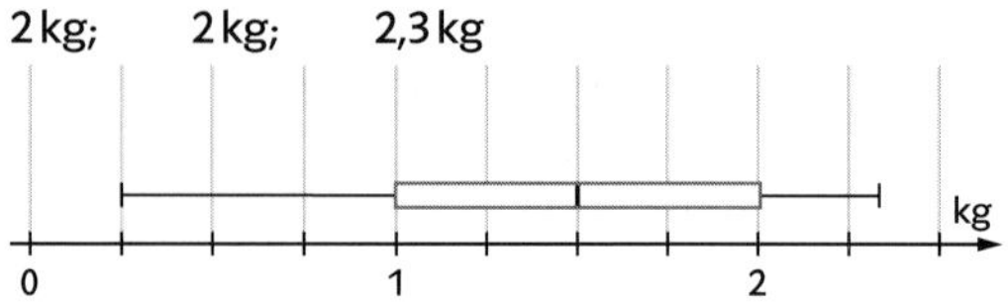

Siehe Tabelle 1.

Zahlbereiche und Rechengesetze (1), Seite 9

1

a) $\frac{1}{2}$ b) $\frac{5}{8}$ c) $3\frac{9}{10}$ d) $3\frac{4}{7}$
e) $\frac{1}{18}$ f) $\frac{7}{2} = 3\frac{1}{2}$ g) $3\frac{3}{5}$ h) $9\frac{1}{3}$

2

a) $\frac{1}{2} = 0{,}5$ b) $\frac{1}{3} = 0{,}\overline{3}$ c) $\frac{4}{10} = 0{,}4$ d) $\frac{2}{3} = 0{,}\overline{6}$
e) $\frac{16}{100} = 0{,}16$ f) $\frac{1}{8} = 0{,}125$ g) $\frac{2}{9} = 0{,}\overline{2}$ h) $\frac{4}{25} = 0{,}16$

3

a) $\frac{2}{3} + \frac{1}{4} = \frac{11}{12}$ b) $\frac{12}{12} - \frac{11}{12} = \frac{1}{12}$ c) $\frac{80}{100} \cdot \frac{1}{4} = \frac{1}{5} = 20\,\%$

4

a) $\frac{4}{3} - \frac{1}{3} = 1$ b) $\frac{3}{5} \cdot \frac{1}{4} \cdot \frac{2}{3} = \frac{1}{10}$ c) $\frac{1}{4} + \frac{1}{4} + \frac{1}{6} = \frac{2}{3}$

5

a) $-\frac{1}{6}$ b) $-\frac{1}{2}$ c) $\frac{1}{2}$
d) $-\frac{3}{4}$ e) $-1\frac{1}{9}$ f) $\frac{1}{24}$

6

Lösungswort: RATIONALE ZAHLEN

Zahlbereiche und Rechengesetze (2), Seite 10

1

a) 2 b) 2 c) 0 d) 12,2
e) 12 f) 3,5 g) 2 h) 2,7

2

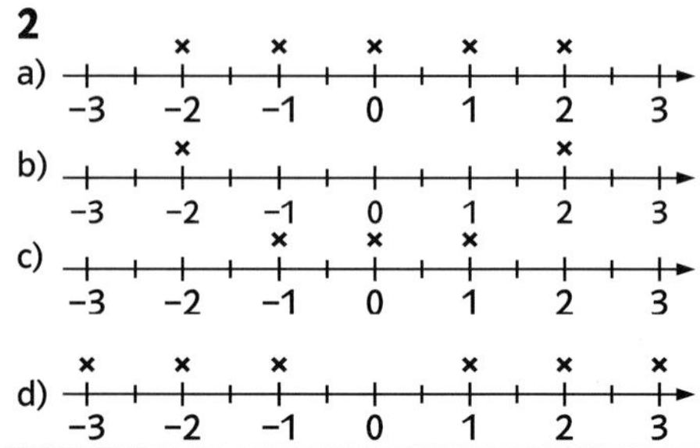

Tabelle 1

	Mittelwert	Zentralwert	Maximum	Minimum	Spannweite	Zentralwert rechte Hälfte	Zentralwert linke Hälfte
a)	177,7 cm	163,5 cm	450 cm	20 cm	430 cm	280 cm	70 cm
b)	≈ 1,36 kg	1,5 kg	2,3 kg	0,25 kg	2,05 kg	2 kg	1 kg

3

a) 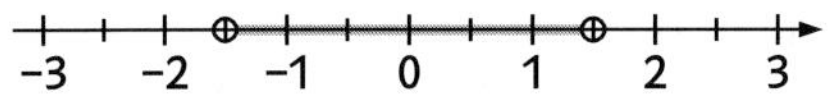

b) 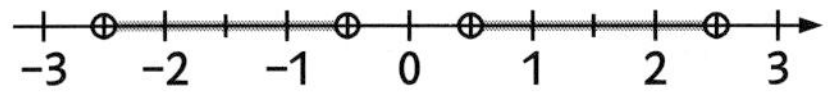

c) 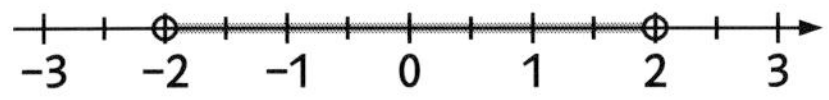

d) keine Lösungen

4

a) $|-3| + 2 = 5$ b) $|23{,}4| - |-12{,}02| = 11{,}38$

c) $|-2014| + |-1995| = 4009$ d) $|-4| \cdot |-2| = 8$

e) $(-1) \cdot |-3| \cdot |12| = -36$ f) $|12 - 24| : (|-6| : -2) = -4$

5

a) $1 < |x| \leq 3$ (dargestellt als kleine Kreuze)

b) $|y| \geq 5$ (dargestellt als große Kreuze)

c) $|x + y| \leq 2$ (dargestellt mit kleinen Kreisen)

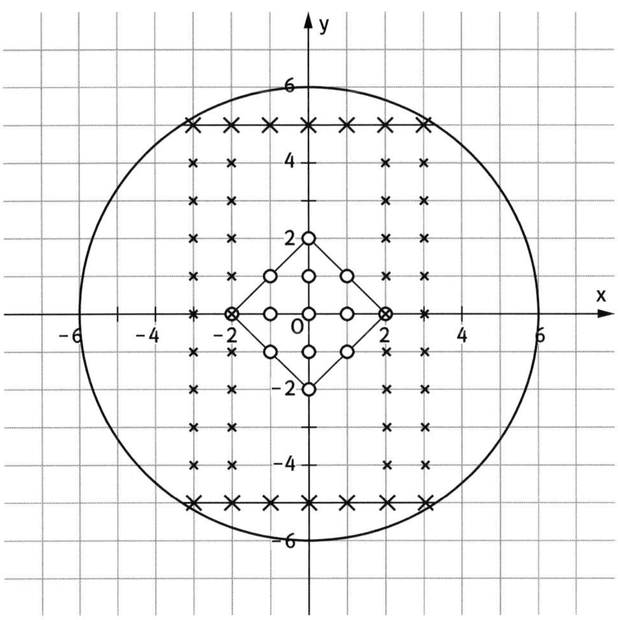

6

a) $11 + 3 = 14$ b) $1 \cdot 3 = 3$

c) $2 \cdot 2 = 4$ d) $5 - (-2{,}25) = 7{,}25$

7

a) $|-2| \cdot 6 = 12$ b) $|-4| - 7 = -3$

c) $|-4 - 7| = 11$ d) $||-2| - 7| = 5$

Rationale Zahlen | Merkzettel, Seite 11

Text: Dezimalzahlen

Text: Null
Beispiele: 3 2 0

Text: Gleiche; Verschiedene
Beispiele: +12 −12 −2 +2

Text: Gegenzahl
Beispiele: −2 +2 +12

Text: Gleiche; Verschiedene
Beispiele: 35 35 12 −35 −4

Text: vertauscht
Beispiele: 4 $(-2) \cdot 6 = -12$

Beispiele: 4 −60

Beispiele: $65 \cdot (19 - 9) = 65 \cdot 10 = 650$
$10 \cdot 2{,}6 - 10 \cdot 1{,}8 = 26 - 18 = 8$ $55 + 13 = 65$

Prozente (Wiederholung), Seite 12

1

b) $\frac{5}{8} = 62{,}5\,\%$ c) $\frac{3}{9} = 33{,}\overline{3}\,\%$ d) $\frac{15}{25} = 60\,\%$

e) $\frac{10}{20} = 50\,\%$ f) $\frac{6}{16} = 37{,}5\,\%$

2

Bruch	$\frac{1}{25}$	$\frac{3}{10}$	$\frac{5}{8}$	$\frac{3}{4}$	$\frac{5}{16}$	$\frac{3}{40}$
Zehnerpotenz-Bruch	$\frac{4}{100}$	$\frac{3}{10}$	$\frac{625}{1000}$	$\frac{75}{100}$	$\frac{3125}{10000}$	$\frac{75}{1000}$
Dezimalbruch	0,04	0,3	0,625	0,75	0,3125	0,075
Prozent	4 %	30 %	62,5 %	75 %	31,25 %	7,5 %

Bruch	$\frac{13}{25}$	$\frac{4}{1}$	$\frac{1}{4}$	$\frac{21}{50}$	$\frac{1}{8}$	$\frac{3}{2}$
Zehnerpotenz-Bruch	$\frac{52}{100}$	$\frac{40}{10}$	$\frac{25}{100}$	$\frac{42}{100}$	$\frac{125}{1000}$	$\frac{150}{100}$
Dezimalbruch	0,52	4,0	0,25	0,42	0,125	1,5
Prozent	52 %	400 %	25 %	42 %	12,5 %	150 %

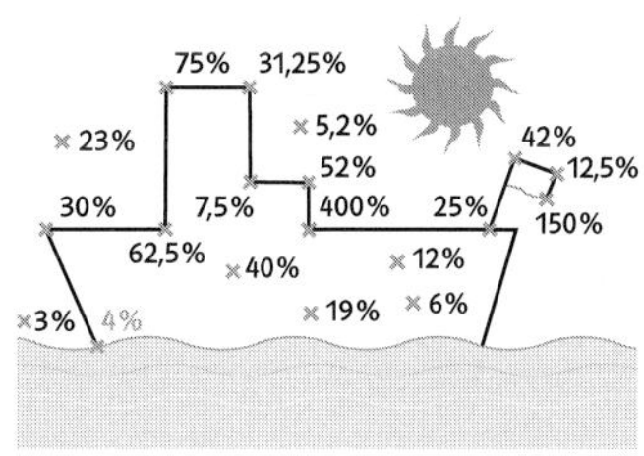

3

a) $\frac{4}{100} = \frac{1}{25}$ b) $\frac{25}{100} = \frac{1}{4}$ c) $\frac{80}{100} = \frac{4}{5}$ d) $\frac{35}{100} = \frac{7}{20}$

e) $\frac{250}{100} = \frac{5}{2}$ f) $\frac{12{,}5}{100} = \frac{1}{8}$ g) $\frac{32}{100} = \frac{8}{25}$ h) $\frac{0{,}2}{100} = \frac{1}{500}$

4

a) A: $\frac{10}{50} = \frac{20}{100} = 20\,\%$ B: $\frac{20}{40} = \frac{50}{100} = 50\,\%$ C: $\frac{30}{40} = \frac{75}{100} = 75\,\%$

D: $\frac{4}{10} = \frac{40}{100} = 40\,\%$ E: $\frac{10}{25} = \frac{40}{100} = 40\,\%$ F: $15\,\% = \frac{15}{100}$

b) $\frac{15}{100} < \frac{20}{100} < \frac{40}{100} < \frac{50}{100} < \frac{75}{100}$

c) $15\,\% < 20\,\% < 40\,\% < 50\,\% < 75\,\%$

Prozentsatz – Prozentwert – Grundwert, Seite 13

1
Siehe Figur 1.

A) 45%	B) 30%	C) 200g
D) 532	E) 10%	F) 32

Reihenfolge: D – C – F – B – A – E

2
a) 600

p%	10%	20%	25%	45%	50%	100%
W	60	120	150	270	300	600

b) 120

p%	5%	10%	25%	40%	75%	100%
W	6	12	30	48	90	120

3

	a)	b)	c)	d)	e)	f)	g)	h)
W	18m	54g	12h	24 m^2	6 l	14€	23cm	74,4
G	600m	450g	60h	48 m^2	60 l	25€	0,4m	240
p%	3%	12%	20%	50%	10%	56%	57,5%	31%

4

a) 0,25% ≈ 0,3%	b) 66,7%	c) 28,6%
d) 4,2%	e) 108,3%	

Lösungssatz: PROZENTRECHNEN IST LEICHT

5

a) 400 Enten	b) 625g	c) 375 l
d) 4,8cm	e) 49	

6
a) > b) = c) > d) < e) =

Grundaufgaben der Prozentrechnung (1), Seite 14

1
Gesucht ist der Prozentwert.

a) 38,4€	b) 25,5kg	c) 331,2 l
d) 16ha	e) 70g	f) 0,288m

2
Prozentsatz

a) 8,5%	b) 32%	c) 45%
d) 20%	e) 70%	f) 35%

3
Grundwert

a) 2000€	b) 1800ml	c) 62,5 l
d) 300kg	e) 56m	f) 40cm

4

a 1	b 2	c 4		d 4	e 2
f 5	3	,	g 6		2
,		h 2	,	i 3	5
j 4	k 1	8	3	4	0
	0		l 2	1	
m 8	4	n 2		,	o 1
,		p 0	,	7	2
q 9	2		r 1	3	1

5
Prozentwert: 8; Grundwert: 64; Prozentsatz: 12,5%

6
Er zieht 28,76€ ab. Er zahlt also 1409,24€.

7
Gesucht: G. Sein Monatsgehalt beträgt 3100€.

Grundaufgaben der Prozentrechnung (2), Seite 15

1
a) 108 b) 252 c) 216

2
Gesucht: G
a) Wie viele Schülerinnen und Schüler hat die Schule?
b) Sie hat 540 Schülerinnen und Schüler.

3

a) Sonnenschein:	1056,00€ (vorher)	1108,80€ (jetzt)
Meier:	1246,00€ (vorher)	1308,30€ (jetzt)
Lieber:	1446,40€ (vorher)	1518,72€ (jetzt)

b) 4,76%

Figur 1

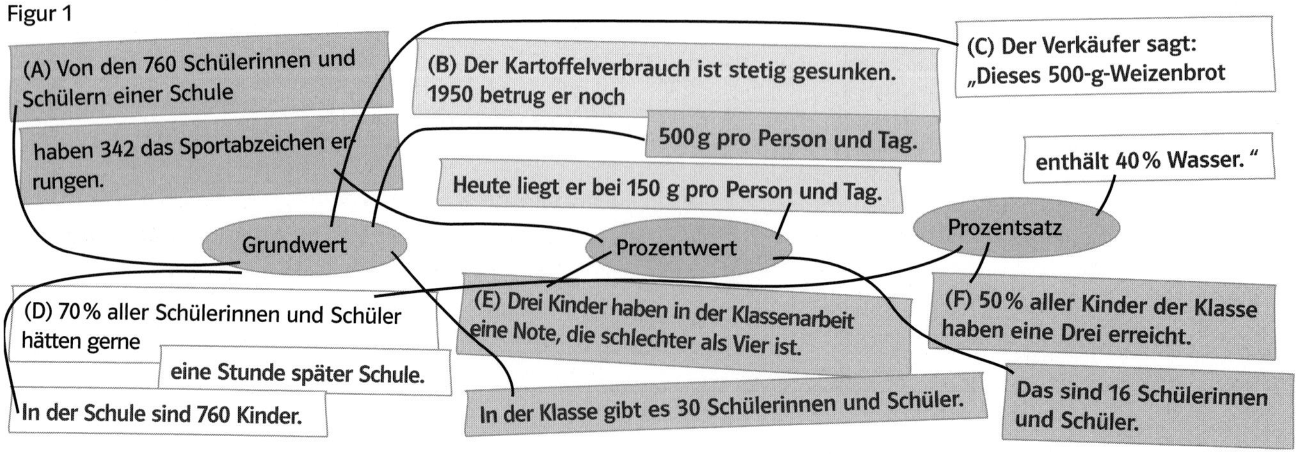

4

87,5 %

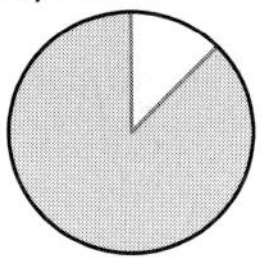

5

a) – b)

Farblich gleiche Gruppen:

800; 40; 5 %; Eintrag: $\frac{1}{20}$

5000; 750; 15 %; Eintrag: $\frac{3}{20}$

2500; 500; 20 %; Eintrag: $\frac{1}{5}$

450; 180; 40 %; Eintrag: $\frac{2}{5}$

250; 200; 80 %; Eintrag: $\frac{4}{5}$

1200; 400; 300 %; Eintrag: 3

Prozentangaben systematisch lösen, Seite 16

1

a)

Aussage	Sport	Winkel in °	andere Fächer	Winkel in °
A – es ist erlaubt	20 %	72	15 %	54
B – bei einigen Lehrern	10 %	36	10 %	36
C – nur in Pausen	25 %	90	35 %	126
D – weiß ich nicht	40 %	144	20 %	72
E – nicht erlaubt	5 %	18	20 %	72

b)

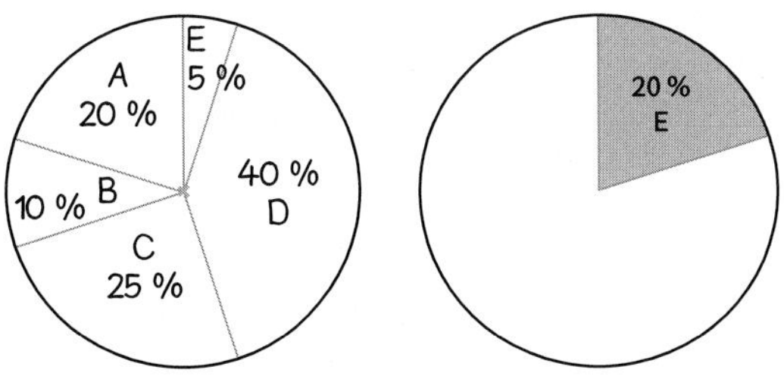

2

a) Die Winkelmaße sind:

Birnen: 288° Melonen: 324° Datteln: 72°

b)

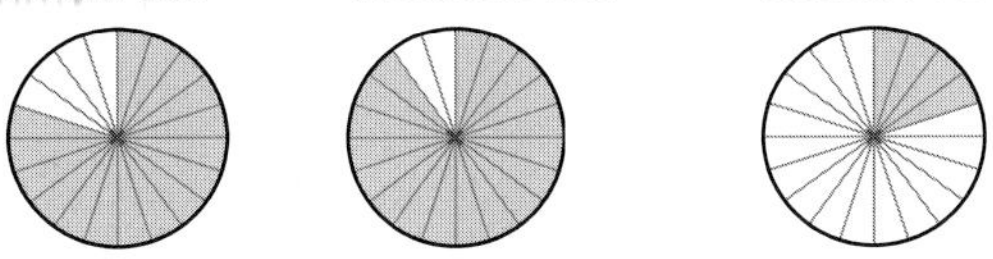

3

Der Reihe nach muss jeweils von oben nach unten beschriftet werden:

1. Tank: links 80 %; 60 %; 20 % rechts 560 l; 448 l; 336 l; 112 l
2. Tank: links 80 %; 40 %; 20 % rechts 380 l; 304 l; 152 l; 76 l
3. Tank: links 70 %; 50 %; 30 % rechts 2500 l; 1250 l; 750 l
4. Tank: links 80 %; 60 %; 30 % rechts 1010 l; 808 l; 606 l

4

a) Wohnungsgröße: 120 m²; Wohnzimmer: 28 m²; Schlafzimmer: 15 m²;
Ankleideraum: 7 m²; Esszimmer: 10 m²; Flur: 22,25 m²; Küche: 10 m²;
Kinderzimmer: 13,75 m²; Bad: 8 m²

b) Teppichboden: 60 m²; Laminat: 36 m²; Fliesen: 18 m²; Marmor: 6 m², das entspricht 5 %

c) Mit Teppichboden sind Wohnzimmer, Esszimmer, Schlafzimmer und Ankleidezimmer ausgelegt.
Mit Fliesen sind Küche und Bad ausgestattet.

Mit Laminat sind Flur und Kinderzimmer ausgelegt.

Prozentsätze über hundert Prozent, Seite 17

1

alter Wert in Euro	Zuwachs/Verminderung		neuer Wert	
	in Prozent	in Euro	in Prozent	in Euro
750 €	+5 %	+37,50 €	105 %	787,50 €
300 €	+10 %	+30 €	110 %	330 €
1700 €	+7 %	+119 €	107 %	1819 €
3400 €	+15 %	+510 €	115 %	3910 €
880 €	+12 %	+105,60 €	112 %	985,60 €

2

75 € —(+10 %)→ 82,50 € —(+20 %)→ 99 €

500 g —(+8 %)→ 540 g —(−3 %)→ 523,8 g

350 m —(−25 %)→ 262,5 m —(−30 %)→ 183,75 m

15 € —(+12 %)→ 16,80 € —(+45 %)→ 24,36 €

250 € —(−6 %)→ 235 € —(+15 %)→ 270,25 €

3

a) Gesamtpreis: 22 491 €; 3 % Skonto: 674,73 €;
Endpreis: 21 816,27 €

b) Neuer Wert: 1380 kg c) Preis vorher: 160 €

d) Preis nachher: 625 € e) 792 €

f) 20 % g) 25 %

Lösungswort (von unten nach oben gelesen): WEIHNACHT

4

Angebot: 11 000 € · 1,19 · 0,95 = 12 435,50 €

Vorschlag des Verkäufers: 11 000 · 1,14 = 12 540 €

Das Angebot des Verkäufers ist 104,50 € teurer. Das liegt daran, dass beim Angebot die 5 % Rabatt von dem Betrag mit MwSt. berechnet werden; beim Verkäufervorschlag werden die 5 % von 11 000 € berechnet.

Prozente und Zinsen, Seite 18

1

a) Gegeben: K = 21 500 €; p % = 4,5 %; Gesucht: Z

Formel: Z = K · p % Z = 21 500 € · 0,045 = 967,5 €

b) Differenz zwischen Zinsen und Urlaubskosten:
999 € – 967,50 € = 31,50 €

Es fehlen 31,50 €.

2

a) Gegeben: K = 300 €; p% = 3%
Gesucht: Zinsen Z
$Z = K \cdot p\% = 300\,€ \cdot 0{,}03 = 9\,€$
b) Gegeben: K = 298 €; Z = 26,82 €
Gesucht: Zinssatz p%
$p\% = \frac{Z}{K} = \frac{26{,}82\,€}{298\,€} = 0{,}09 = 9\%$
Der Zinssatz des Versandhauses ist höher als der Zinssatz des Sparbuchs. Er beträgt 9%. Jutta sollte das Geld vom Sparbuch nehmen, sie spart damit 17,82 € (Aufpreis des Versandhandels minus die möglichen Zinsen des Sparbuchs).

3

Formel: $\frac{W}{p\%}$ Stefan hatte sein Konto um 2000 € überzogen.

4

a) 37,50 €
b) Gegeben: K = 1250 €; Z = 37,5 €
Gesucht: Zinssatz p%
$p\% = \frac{Z}{K} = \frac{37{,}5\,€}{1250\,€} = 0{,}03 = 3\%$
c) 1326,13 € gesamt 38,63 € mehr

Tageszinsen und Zinseszinsen (1), Seite 19

1

a) Zinsen im Jahr: 70 €; Zinsen im Halbjahr: 35 €; Zinsen im Vierteljahr: 17,50 €; Zinsen im Monat: 5,83 € (gerundet)
b) Zinsen im Jahr: 9,60 €; Zinsen im Halbjahr: 4,80 €; Zinsen im Vierteljahr: 2,40 €; Zinsen im Monat: 0,80 €

2

Falls er den Wagen sofort bezahlt, spart er 2% von 17 800 €, das sind 356 €.
Wenn er den Betrag von 17 800 € zu 5% verzinsen würde, so wäre dies ein Jahreszins von 890 €, anteilig für die 90 Tage ergäben sich Zinsen von 222,50 €.
Er spart mehr, wenn er sofort bezahlt.

3

	a)	b)	c)
Guthaben in €	200,00 €	300,00 €	800,00 €
Zinssatz	1%	2,5%	3%
Jahreszinsen in €	2,00 €	7,50 €	24,00 €
Monatliche Zinsen in €	0,17 €	0,63 €	2,00 €

	d)	e)	f)
Guthaben in €	500,00 €	700,00 €	10 000 €
Zinssatz	1,2%	13,4%	0,8%
Jahreszinsen in €	6,00 €	93,80 €	80 €
Monatliche Zinsen in €	0,50 €	7,82 €	6,67 €

4

In die Lücken werden der Reihe nach eingetragen: 3 (Monate); 50 (€); 200 (€); 2 500 (€); 0,08; 8 (%)

5

In die Lücken werden der Reihe nach eingetragen: 12 000 (€); 600 (€); 6 (Monate)

6

In die Lücken werden der Reihe nach eingetragen: 2 850 (€); 32 850 (€); 8,8 (%); 210 (€)

Tageszinsen und Zinseszinsen (2), Seite 20

1

	im 1. Jahr	im 2. Jahr	im 3. Jahr
Schulden ohne Zinsen	50 000 €	52500 Euro	55 125 €
Zinsen	2500 Euro	2625 €	2756,25 €
Schulden mit Zinsen	52500 Euro	55 125 €	57 881,25 €

	im 4. Jahr	im 5. Jahr	nach 5 Jahren
Schulden ohne Zinsen	57 881,25 €	60 775,31 €	63 814,08 €
Zinsen	2894,06 €	3038,77 €	—
Schulden mit Zinsen	60 775,31 €	63 814,08 €	—

2

Zinssatz 2%

	Kapital in €	Zinsen in €	Summe in €
1 Jahr	200,00	4,00	200,00 + 4,00 = 204,00
2 Jahre	200,00 + 204,00 = 404,00	8,08	412,08
3 Jahre	200 + 412,08 = 612,08	12,24	624,32
4 Jahre	824,32	16,49	840,81

Zinssatz 4%

	Kapital in €	Zinsen in €	Summe in €
1 Jahr	200,00	8,00	200,00 + 8,00 = 208,00
2 Jahre	200,00 + 208,00 = 408,00	16,32	424,32
3 Jahre	624,32	24,97	649,29
4 Jahre	849,29	33,97	883,26

Oma Weitsichtig hat Recht. Der Enkel bekommt mehr als doppelt so viel Zinsen.

3

In die Lücken werden der Reihe nach eingetragen:
8 (Jahre); 500 (€); (Zinsfaktor) 1,035; 8 (-mal); $500\,€ \cdot 1{,}035^8$; 658,40 (€); 31,68 (%)

4

Gesamtkosten bei „Gut & Günstig":
$2600\,€ + 36 \cdot 185{,}10\,€ + 5200\,€ = 14\,463{,}60\,€$
Gesamtkosten bei „Reich & Reichlich":
Die Zinsen bei „Reich & Reichlich" sind 624 € im Jahr.
$13\,000\,€ + 3 \cdot 624\,€ = 14\,872\,€$
Für Herrn Schnell ist das Angebot „Gut & Günstig" besser, er spart 408,40 €.
Wenn er bei seiner Bank den Kredit in drei Jahresraten zurückzahlen will, sind das pro Jahr 4957,33 €. Herr Schnell muss hierfür jeden Monat 413,11 € zurücklegen.

Prozente und Zinsen | Merkzettel, Seite 21

Text: 100
Beispiele: 0,17 = 17% $\frac{6}{8} = 0{,}75 = \frac{75}{100} = 75\%$

Berechnung des Prozentsatzes p%: W
Beispiel: $p\% = \frac{7}{28} = \frac{1}{4} = 25\%$

Berechnung des Prozentwertes: G
Beispiel: $W = 60\% \cdot 50 = 30$

Berechnung des Grundwertes: Prozentwert
Beispiel: $G = \frac{99\,€}{90\%} = 110\,€$

- **Text:** Prozentsatz; Prozentwert
  Beispiel: $G = \frac{W}{p\%} = \frac{3{,}15\,€}{1{,}05} = 3{,}00\,€$
- **Text:**

Begriffe bei der Bank	Begriffe Prozentrechnung
Zinssatz (p%)	Prozentsatz (p%)
Jahreszinsen (Z)	Prozentwert (W)
Guthaben oder Kapital (K)	Grundwert (G)

Kapitals; Zinssatzes
Beispiele: $Z = K \cdot p\% = 350\,€ \cdot 0{,}03 = 10{,}5\,€$

$p\% = 5\% = 0{,}05;\; K = \frac{Z}{p\%} = \frac{120\,€}{0{,}05} = 2400\,€$

$p\% = \frac{Z}{K} = \frac{318\,€}{6000\,€} = 0{,}053;\; p\% = 5{,}3\%$

- **Text:** Jahres; Anteil
  Beispiele: 2% von 500 € = 10 €

$10 \cdot \frac{30}{360} = 0{,}83\,€$

Flächeninhalt von Parallelogramm und Dreieck, Seite 22

1

a) $A = \frac{1}{2} \cdot g \cdot h = \frac{1}{2} \cdot 2\,cm \cdot 3\,cm = 3\,cm^2$

b) $A = \frac{1}{2} \cdot g \cdot h = \frac{1}{2} \cdot 3\,cm \cdot 3\,cm = 4{,}5\,cm^2$

c) $A = b \cdot h_b = 3{,}5\,cm \cdot 1{,}5\,cm = 5{,}25\,cm^2$

d) $A = a \cdot h_a = 1\,cm \cdot 3{,}5\,cm = 3{,}5\,cm^2$

2

a)

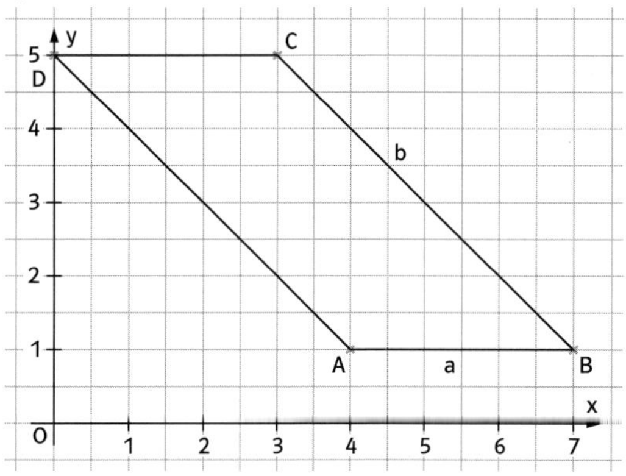

b) $A = a \cdot h_a = 3\,cm \cdot 4\,cm = 12\,cm^2$

c)

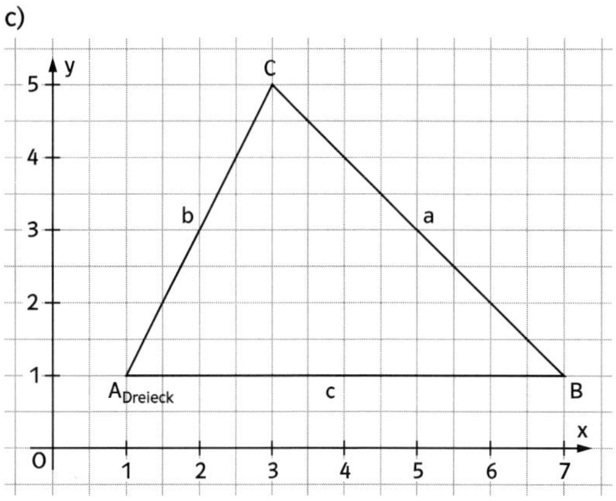

3

a)

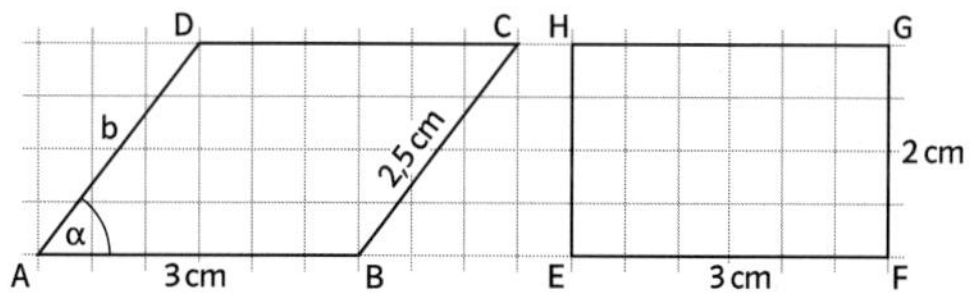

b) verdoppelt c) versechsfacht

4

a) $2 \cdot (3\,m \cdot 1{,}4\,m + 3\,m \cdot 2{,}6\,m + 3\,m \cdot 1{,}2\,m) = 31{,}20\,m^2$

b) Ein Eimer vom preiswerteren Angebot reicht nur für $29{,}4\,m^2$. Ein Eimer vom teureren Angebot reicht für $33{,}3\,m^2$. Vom preiswerteren Angebot benötigt er 2 Eimer zum Gesamtpreis von 29,98 €, vom teureren Angebot reicht ihm ein Eimer für 16,99 €.

Flächeninhalt eines Trapezes, Seite 23

1

a) $A = \frac{1}{2} \cdot (7\,cm + 3\,cm) \cdot 2{,}5\,cm = 12{,}5\,cm^2$

b) $A = 12{,}5\,cm^2$

c) $A = 7{,}5\,cm^2$

2

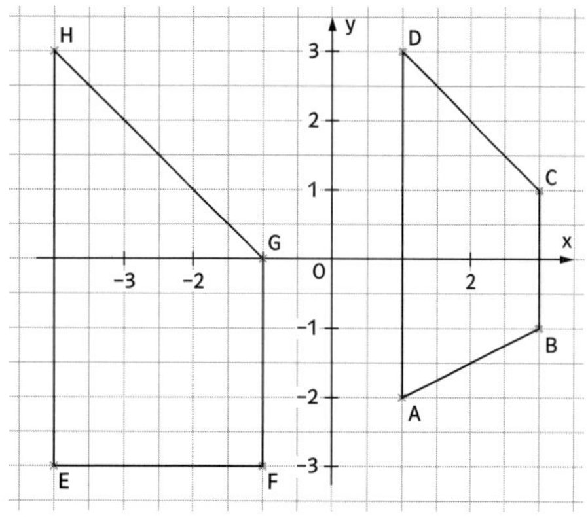

$A_{ABCD} = 7\,cm^2$ $A_{EFGH} = 13{,}5\,cm^2$

3

$A_{Paul} = \frac{1}{2} \cdot g \cdot h = \frac{1}{2} \cdot 25\,m \cdot 17\,m = 212{,}5\,m^2$

$A_{Julia} = \frac{1}{2} \cdot (a + c) \cdot h = \frac{1}{2}(19{,}5\,m + 16\,m) \cdot 12\,m = 213\,m^2$

Julias Grundstück ist um $0{,}5\,m^2$ größer.

4

a) $A_{Dreieck} = 3{,}91\,m^2$ $A_{Trapez} = 29{,}24\,m^2$ $A_{gesamt} = 33{,}15\,m^2$

b) $A_{Fenster} = 3{,}75\,m^2$ $A_{Giebelfläche} = 29{,}40\,m^2$

c) Preis = 882 €

Umfang eines Kreises, Seite 24

1

a) 28,26 cm b) $3{,}14 \cdot 3\,cm = 9{,}42\,cm$

c) $3{,}14 \cdot 1{,}5\,m = 4{,}71\,m$

2

b) 94 mm c) 126 mm d) 157 mm

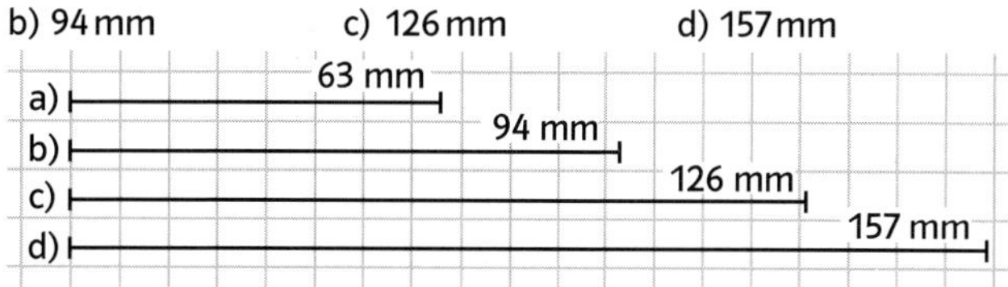

3

Der Durchmesser der Pizza ist ungefähr 31,85 cm.
Die Jumbo-Pizza hat einen Umfang von ungefähr 1,13 m.

4

Der Durchmesser der Erde beträgt ungefähr 12 738 853,5 m.
Die Länge des Seils ist 40 000 001 m, daraus ergibt sich ein Durchmesser von ungefähr 12 738 853,8 m.
Antwort: Der Abstand des Seils vom Boden beträgt ca. 15 cm.

Flächeninhalt eines Kreises, Seite 25

1

	a)	b)	c)
Radius	5 m	4 km	0,5 m
Durchmesser	10 m	8 km	1 m
Flächeninhalt	$78{,}50\,m^2$	$50{,}24\,km^2$	$0{,}79\,m^2$

2

Gemessener Durchmesser ca. 19 mm (Radius: 8,5 mm)
Der Flächeninhalt beträgt ca. $2{,}3\,cm^2$.

3

Der Flächeninhalt beträgt etwa $200\,cm^2$.

4

Kleine Pizza: $23{,}55\,cm^2$ pro Krone
Große Pizza: $31{,}40\,cm^2$ pro Krone

5

Die große Springform ist etwa doppelt so groß wie die kleine, die Mengen können also verdoppelt werden.

6

Die Differenz der Flächeninhalte beträgt ungefähr $100\,mm^2$.

Kreisausschnitt und Kreisbogen, Seite 26

1

a) $b = 6{,}98\,cm \qquad A = \frac{80°}{360°}\cdot\pi\cdot(5\,cm)^2 = 17{,}45\,cm^2$

b) $b = \frac{63°}{360°}\cdot 2\cdot\pi\cdot 3{,}5\,cm = 3{,}85\,cm$

$A = \frac{63°}{360°}\cdot\pi\cdot(3{,}5\,cm)^2 = 6{,}73\,cm^2$

c) $b = \frac{40°}{360°}\cdot 2\cdot\pi\cdot 2{,}5\,cm = 1{,}75\,cm$

$A = \frac{40°}{360°}\cdot\pi\cdot(2{,}5\,cm)^2 = 2{,}18\,cm^2$

2

	a)	b)	c)	d)	e)
Mittelpunktswinkel α	60°	75°	200°	150°	110°
Radius r	4 cm	7 m	106 dm	40 mm	3,12 km
Durchmesser d	8 cm	14 m	212 dm	80 mm	6,24 km
Bogenlänge b	4,19 cm	9,16 m	370 dm	104,72 mm	6 km
Flächeninhalt A	$8{,}38\,cm^2$	$32{,}07\,m^2$	$196{,}11\,m^2$	$2094{,}4\,mm^2$	$9{,}34\,km^2$
Umfang U	25,13 cm	43,98 m	666 dm	251,33 mm	19,6 km

3

a) $\alpha = 35{,}81° \qquad A = \frac{35{,}81°}{360°}\cdot\pi\cdot(8\,cm)^2 = 20\,cm^2$

b) $\alpha = \frac{10\,dm^2\cdot 360°}{\pi\cdot(6{,}5\,dm)^2} = 27{,}12°$

$b = \frac{27{,}12°}{360°}\cdot 2\cdot\pi\cdot 6{,}5\,dm = 3{,}08\,dm$

c) $\alpha = \frac{9\,m\cdot 360°}{2\cdot\pi\cdot 3\,m} = 85{,}94°$

$A = \frac{85{,}94°}{360°}\cdot\pi\cdot(3\,m)^2 = 6{,}75\,m^2$

4

Umfang: $\frac{180°}{360°}\cdot 2\cdot\pi\cdot 2\,cm + 2\,cm + 4\,cm + 6\,cm = 18{,}28\,cm$

Flächeninhalt: $\frac{1}{2}\cdot 6\,cm\cdot 8\,cm - \frac{180°}{360°}\cdot\pi\cdot(2\,cm)^2 = 17{,}72\,cm^2$

Berechnungen an ebenen Figuren | Merkzettel, Seite 27

- **Text:** Rechteck; Höhe

Beispiele: $A = 4\,cm\cdot 4\,cm = 16\,cm^2$

- **Text:** Parallelogramms

Beispiele: $A = \frac{1}{2}\cdot 6\,cm\cdot 4\,cm = 12\,cm^2$

- **Text:** halb

Beispiele: $A = \frac{5\,cm + 2\,cm}{2}\cdot 4 = \frac{7\,cm}{2}\cdot 4\,cm = 14\,cm^2$

- **Text:** Radius; Kreiszahl; Durchmesser

Beispiele: r = 3 cm
$A = 3{,}14\cdot(3\,cm)^2 = 28{,}26\,cm^2 \qquad U = 3{,}14\cdot 6\,cm = 18{,}84\,cm$

Kreis	r = 2 cm d = 4 cm	r = 5 cm d = 10 cm	r = 1 m d = 2 m
Fläche A	$12{,}56\,cm^2$	$78{,}5\,cm^2$	$3{,}14\,m^2$
Umfang U	12,56 cm	31,4 cm	6,28 m

- **Text:** Mittelpunktswinkel

Beispiele: $A = 19{,}78\,cm^2$; $b = 13{,}19\,cm$

Training 1, Seite 28

1

a) $3\frac{3}{4}\cdot\left(1\frac{1}{10}+\frac{1}{2}\right) - 5{,}9 = \frac{15}{4}\cdot\left(\frac{11}{10}+\frac{5}{10}\right) - 5{,}9 = \frac{15}{4}\cdot\frac{16}{10} - 5{,}9 = 6 - 5{,}9$
$= 0{,}1$

b) $|6-14| : |-3+5-4| = |-8| : |-2| = 8 : 2 = 4$

c) $\big||-4| - |-2\cdot 3{,}5|\big|\cdot|-9| = \big|4 - |-7|\big|\cdot 9 = |4-7|\cdot 9$
$= 3\cdot 9 = 27$

2

Siehe Tabelle 1.

3

2910,00 € entsprechen 97 %. Der Ursprungspreis betrug 3000 €; Herr Lage hat 90 € gespart.

4

a) 45 Tage b) 144,50 € c) 3 Monate
d) 6 % e) 8,75 €

5

a) $7{,}5\,cm^2$ b) $6{,}75\,cm^2$ c) $5\,cm^2$

Tabelle 1

Grundwert	1024 ha	2000 l	$7640\,cm^2$	8,03 m	1195 l	217,62 €	1124 kg	998 €	17 600
Prozentwert	42 ha	240 l	$19{,}10\,cm^2$	4015 mm	2,39 l	42 €	234 kg	29,94 €	352
Prozentsatz	4,10 %	12 %	0,25 %	50 %	0,20 %	19,3 %	20,82 %	3 %	2 %

6

a) Seite des Quadrats = a

$A = a^2 - \pi \cdot \left(\frac{a}{2}\right)^2 = (4\,cm)^2 - \pi \cdot (2\,cm)^2 \approx 3{,}43\,cm^2$

$U = 4 \cdot \frac{1}{4} \cdot \pi \cdot 4\,cm \approx 12{,}56\,cm$

b) $A = \frac{1}{4} \cdot \pi \cdot r_1^2 + \frac{1}{8} \cdot \pi \cdot r_2^2 = \frac{1}{4} \cdot \pi \cdot (2\,cm)^2 + \frac{1}{8} \cdot \pi \cdot (1{,}5\,cm)^2$

$\approx 4{,}02\,cm^2$

$U = \frac{1}{4} \cdot 2 \cdot \pi \cdot 2\,cm + 2 \cdot 2\,cm + \frac{1}{8} \cdot 2 \cdot \pi \cdot 1{,}5\,cm + 2 \cdot 1{,}5\,cm$

$\approx 11{,}32\,cm$

Aufstellen von Termen – Formeln, Seite 29

1

Die Variable wird hier immer mit y bezeichnet.

a) $y - 12$ b) $y - 1$ c) $3 \cdot y$
d) $y : (-6)$ e) $y : (-7) + 3{,}18$ f) $15 - y$

2

a) $\frac{1}{2} \cdot (x - 1{,}7)$ oder $(x - 1{,}7) : 2$ b) $4 \cdot \left(\frac{1}{2} + a\right)$
c) $\frac{3 \cdot b}{2}$ oder $(3 \cdot b) : 2$ d) $2 \cdot (z + 4)$
e) $\frac{1}{3} \cdot (n - 12)$ oder $(n - 12) : 3$ f) $\frac{5 \cdot x}{2{,}5}$ oder $(x : 2{,}5) \cdot 5$

3

a) $a + a + a + a = 4 \cdot a$ b) $3b + 2c$

4

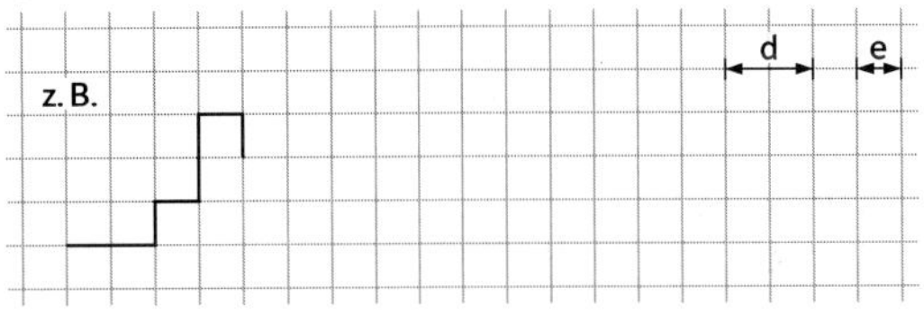

5

Die richtige Rechenvorschrift ist jeweils:
a) B b) D c) A

6

Die richtigen Terme sind von oben nach unten:
$4 \cdot x - 12$; $108 - (45 + x)$; $(234 + x) : 3$; $-23 + 5x$; $4{,}5 - x : 3$; $45 : x - 15$; $(2 \cdot x - 4) : 3$; $2{,}5 \cdot x - 7$
Wenn man von unten nach oben die zugehörigen Buchstaben aneinanderreiht, so erhält man als Lösungswort: FUSSBALL.

Gleichwertige Terme – zielgerichtetes Umformen (1), Seite 30

1

a)
A: $2a + 2b$ C: $a + 2b$ E: $a + 3b$ F: $a + 2b$
H: $2a + b$ I: a L: $a + b$ O: $2a + 2b$
P: $a + 3b$ T: $a + b$ U: $2a + b$
b) LEUCHTE: $9a + 12b$ FEILE: $5a + 9b$ PFAU: $6a + 8b$
c) LEUCHTE: $25{,}5b$ FEILE: $16{,}5b$ PFAU: $17b$
d) POL
e) Individuelle Lösung, z. B. PFEIFE: $6a + 13b$

2

a) $4r$ b) $6{,}24k$ c) $-x$ d) $-2a$
e) $5{,}3x - 0{,}8$ f) $6{,}75t$ g) $0{,}4y$ h) $\frac{1}{2}a$

3

a) $2a$ b) m c) $7a$
d) $2x$ e) $6x$ f) $2a$; $0{,}5$

4

+	$4 \cdot x$	$x - 8{,}2$	$0{,}4 - \frac{2}{5}x$
$12x + 3$	$16x + 3$	$13x - 5{,}2$	$11{,}6x + 3{,}4$
$x + 1$	$5x + 1$	$2x - 7{,}2$	$0{,}6x + 1{,}4$
$7x - 3{,}01$	$11x + 3{,}01$	$8x - 11{,}21$	$6{,}6x - 2{,}61$

+	$\frac{1}{2}x + 13$	$-6{,}6x + 1$	$27 - 0{,}2x$
$12x + 3$	$12{,}5x + 16$	$5{,}4x + 4$	$11{,}8x + 30$
$x + 1$	$1{,}5x + 14$	$-5{,}6x + 2$	$0{,}8x + 28$
$7x - 3{,}01$	$7{,}5x + 9{,}99$	$0{,}4x - 2{,}01$	$6{,}8x + 23{,}99$

Gleichwertige Terme – zielgerichtetes Umformen (2), Seite 31

1

Term	vereinfachter Term	Wert des Terms für			
		$x = 2$	$x = -1$	$x = -3$	$x = \frac{1}{2}$
$6x + 2x - 3 + x$	$9x - 3$	15	−12	−30	1,5
$3 + x \cdot 4{,}2 - 2x$	$2{,}2x + 3$	7,4	0,8	−3,6	4,1
$-2{,}5x + 5 + 1{,}5x + \frac{1}{2}$	$-x + 5{,}5$	3,5	6,5	8,5	5
$\frac{1}{2}x + 2{,}2 - \frac{1}{4}x$	$0{,}25x + 2{,}2$	2,7	1,95	1,45	2,325
$\frac{1}{3}x - 4x - \frac{5}{6}x$	$-4{,}5x$	−9	4,5	13,5	−2,25
$\frac{6}{16}x + \frac{1}{4}x - \frac{1}{8}x$	$0{,}5x$	1	−0,5	−1,5	0,25

2

a)

$3a - 2$	$a + 2$	$2a$
$a + 2$	$2a$	$3a - 2$
$2a$	$3a - 2$	$a + 2$

Summe: $6a$

b)

$2a + 2$	a	$1{,}5a + 4$
$a + 4$	$1{,}5a + 2$	$2a$
$1{,}5a$	$2a + 4$	$a + 2$

Summe: $4{,}5a + 6$

3

	richtig	falsch	richtige Lösung
$2 \cdot a - 3a - a = -2a$	(T)	Ö	
$19 \cdot x - 19 + b + 4b - 12 = 5b - 12$	S	(N)	$19x + 5b - 31$
$0{,}8z - 0{,}2z + 0{,}9z = 1{,}5z$	(E)	T	
$-7z + a + 5z - 3a = -2z - 2a$	(L)	E	
$3p - 2p - 4 \cdot p = 9p$	R	(A)	$-3p$
$4m + 9m + 6m - 2n = 17m$	L	(V)	$19m - 2n$
$17y + 17 + 17y - 17 = 17y$	L	(I)	$34y$
$b - \frac{3}{4}b + \frac{1}{4} = 0{,}25b + 0{,}25$	(U)	C	
$\left(-\frac{1}{2}\right)a + 2a - \frac{1}{2}a = a$	(Q)	H	
$7 + 4{,}3m - 3{,}6m + 7 = -0{,}7m + 14$	E	(Ä)	$0{,}7m + 14$

Von unten nach oben gelesen lautet das Lösungswort: ÄQUIVALENT.

4

a) $4 \cdot 3y + 4 \cdot 1{,}5y + 4 \cdot 1{,}7y = 12y + 6y + 6{,}8y = 24{,}8y$

b) $12 \cdot 0{,}5z + 6 \cdot 1{,}5z = 6z + 9z = 15z$

c) $4 \cdot 3x + 2 \cdot 8 \cdot 0{,}5x + 4x + 12 \cdot 5{,}5x = 12x + 8x + 4x + 66x$
$= 90x$

Ausmultiplizieren und Ausklammern – Distributivgesetz, Seite 32

1

$(2 \cdot a + 4) + 3$ – rot	$(b \cdot 5) \cdot 2$ – grün	$(3 + 2 \cdot a) + 4$ – grün
$(y \cdot 0{,}5) \cdot 4$ – rot	$3 \cdot (z \cdot 2 \cdot 4)$ – grün	$s + (3 + 9) + s$ – grün

$2 \cdot (b \cdot 5)$ – grün	$x + (5 + 3)$ – grün	$3 + (x + 5)$ – rot	$(4 \cdot y) \cdot 0{,}5$ – grün

$3 + 2 \cdot (a + 4)$ – falsche Umformung	$4 \cdot (3 \cdot z \cdot 2)$ – rot	$(9 + s) + (s + 3)$ – rot

2

a) $5z^2$ (A) b) $-6x$ (A) c) $6y + 2$ (A) d) $-12a$ (K)

3

a) $5x + 10$ b) $-x + 1$ c) $-2x - 6$ d) $-2x + 1{,}2$

e) $4x - 8$ f) $-3y + 4{,}2$

4

Angewandtes Gesetz: Distributivgesetz

Faktor	Term	Ergebnis
3	$3x - 6$	$3 \cdot (x - 2)$
$\frac{1}{3}$	$\frac{1}{3} - \frac{2}{3}x$	$\frac{1}{3} \cdot (1 - 2x)$
-2	$8 - 4x$	$-2 \cdot (-4 + 2x)$
-1	$-3x - \frac{1}{2}$	$-1 \cdot (3x + \frac{1}{2})$
0,5	$2{,}5x - 4{,}5$	$0{,}5 \cdot (5x - 9)$
$-\frac{1}{4}$	$\frac{3}{4} - \frac{2}{4}x$	$-\frac{1}{4} \cdot (-3 + 2x)$
16	$x \cdot 144 - 48$	$16 \cdot (9x - 3)$

5

Term	Ergebnis
$7x - 14$	$7 \cdot (x - 2)$
$12 - 3x$	$(4 - x) \cdot 3$
$6a - 16$	$2 \cdot (3a - 8)$
$12 - 4b$	$-4 \cdot (b - 3)$
$3a + 1{,}5$	$1{,}5 \cdot (2a + 1)$
$-5y - 125$	$-5 \cdot (y + 25)$
$\frac{1}{2}x - 1{,}5$	$\frac{1}{2} \cdot (x + (-3))$

6

a) $4 \cdot (2 + 3x)$ b) $2 \cdot (1 - 2x)$ c) $2{,}5 \cdot (1 - 2x)$

d) $-8 \cdot (1 - 3x)$ e) $\frac{1}{3} \cdot (2x + 1)$ f) $\frac{1}{6} \cdot (4 - x)$

7

Lösungswort: ENDE

a) $9x - 12$ (E) b) $9x - 6$ (N)

c) $-9x - 6$ (D) d) $9x + 6$ (E)

Gleichungen und Ungleichungen, Seite 33

1

b) $5 \cdot x = 25{,}5$	$25{,}5 : 5 = 5{,}1$	$x = 5{,}1$
c) $y : 3 = 17$	$17 \cdot 3 = 51$	$y = 51$
d) $b - 4 = -5$	$-5 + 4 = -1$	$b = -1$
e) $x \cdot 4 - 3 = 17$	$(17 + 3) : 4 = 5$	$x = 5$

2

a) $x = 33$ b) $a = 41$ c) $y = 15$

d) $z = 54$ e) $x = 34$ f) $x = 14$

g) $x = 11$ h) $x = 20$ i) $n = 22$

j) $p = 50$

Das Lösungswort lautet: BEWEGUNGEN.

3

Lösungswort: KLAMMERN

4

a) $x > 5$; z. B.: $x = 6$; $x = 7$; $x = 8$; $x = 9$; $x = 10$

b) $b \leqq 7$; z. B.: $x = 7$; $x = 6$; $x = 5$; $x = 4$; $x = 3$

c) $a + 3 > -3$; z. B.: $a = -5$; $a = -4$; $a = -3$; $a = -2$; $a = -1$

d) $9 > x : 5$; z. B.: $x = 44$; $x = 43$; $x = 42$; $x = 41$; $x = 40$

5

a) Der Term für die längere Seite lautet: $x + 3$

$2x + 2(x + 3) \geqq 62$; $4x + 6 \geqq 62$; $x \geqq 14$

b) $2x + 2(x + 3) \leqq 64$; $4x + 6 \leqq 64$; $x \leqq 14{,}5$

6

$x + 2x = 30$; $x = 10$

Die CD kostet 10 €, die DVD 20 €.

Lösen von Gleichungen durch Äquivalenzumformungen (1), Seite 34

1

b) $2x + 7 = 31$ $x = 12$ c) $3x = 27$ $x = 9$

d) $2x + 7 = x + 20$ $x = 13$

2

a) $x = 3$

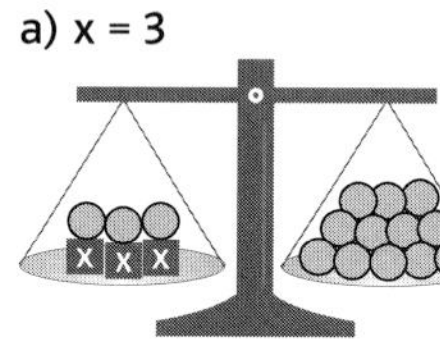

b) $x = 8$

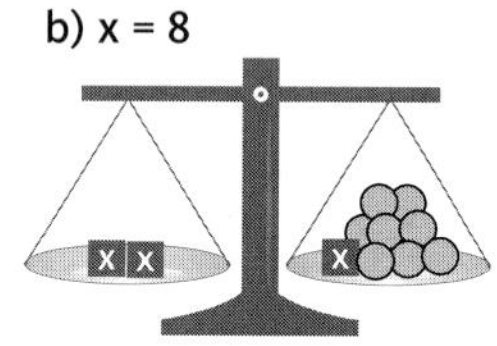

c) $x = 4$

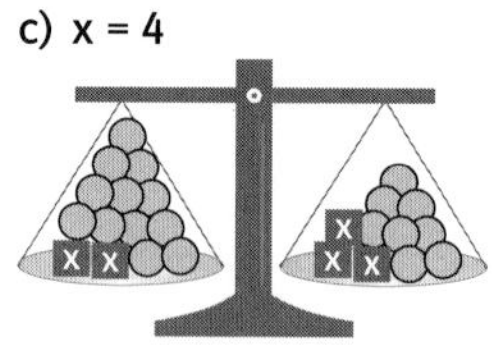

d) $x = 5$

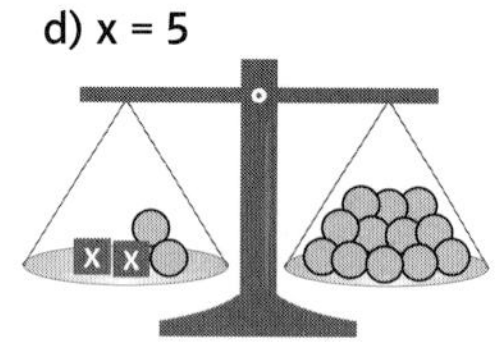

3

b) $z - 0{,}5 = -3{,}6$ $| + 0{,}5$
$z = -3{,}1$
Probe: $-3{,}1 - 0{,}5 = -3{,}6$

c) $y \cdot 4 = 32$ $| : 4$
$y = 8$
Probe: $8 \cdot 4 = 32$

d) $a : (-4) = 12$ $| \cdot (-4)$
$a = -48$
Probe: $(-48) : (-4) = 12$

e) $\frac{1}{2}x \cdot 5 = 10$ $| \cdot \frac{2}{5}$
$x = 4$
Probe: $\frac{1}{2} \cdot 4 \cdot 5 = 10$

f) $b : \frac{1}{4} = -8{,}8$ $| \cdot \frac{1}{4}$
$b = -2{,}2$
Probe: $(-2{,}2) : \frac{1}{4} = (-2{,}2) \cdot 4 = -8{,}8$

4

a) $x = 3$	b) $x = 40$	c) $x = 18$	d) $x = -3$
e) $x = 27$	f) $x = -\frac{1}{2}$	g) $x = 19$	h) $x = 9$
i) $x = 53$	j) $x = 24$	k) $x = 10$	l) $x = 1$
m) $x = 20$	n) $x = 5$	o) $x = 12$	p) $x = -2$

5

a) x steht für den Preis des PCs. Es ist: $x + (x - 300) = 650$, d.h. $x = 475$. Der PC kostet also 475 € und der Monitor 175 €.
b) x steht für die gegebene bzw. gesuchte Zahl. Es ist: $(3x - 1) \cdot 4 = 32$, d.h. $x = 3$. Die gesuchte Zahl ist also 3.

Lösen von Gleichungen durch Äqivalenzumformungen (2), Seite 35

1

b) $-24 = \frac{1}{3}x + 21 \quad \mid -21$	
$-45 = \frac{1}{3}x \quad \mid :3$	$-45 = \frac{1}{3}x \quad \mid \cdot 3$
$15 = x$ ☐	$-135 = x$
c) $-16 - 2x = 38 \quad \mid +16$	
$-2x = 54 \quad \mid :2$	$-2x = 54 \quad \mid :(-2)$
$x = 27$ ☐	$x = -27$
d) $4(x + 5) = 2(4x + 11) - 2 \quad \mid$ vereinfachen	
$4x + 20 = 8x + 20 \quad \mid -4x$	
$20 = 4x + 20 \quad \mid -20$	
$40 = 4x \quad \mid :2$	$0 = 4x \quad \mid :4$
$\boxed{x} = 10$ ☐	$x = 0$
e) $2x + 20 = x - 24 \quad \mid -x$	
$x + 20 = -24 \quad \mid -20$	
$x = -4$ ☐	$x = -44$

2

a) $x - 12 = -8 \quad \mid +12$
$x = 4$

b) $\frac{1}{2} + x = -\frac{1}{2} \quad \mid -\frac{1}{2}$
$x = -1$

c) $x \cdot 4 = -10 \quad \mid :4$
$x = -2{,}5$

d) $6 - \frac{1}{2}x = 5 \quad \mid -6$
$-\frac{1}{2}x = -1 \quad \mid \cdot(-2)$
$x = 2$

e) $8x + 3 = 7 \quad \mid -3$
$8x = 4 \quad \mid :8$
$x = 0{,}5$

f) $8x - 5x = -12 \quad \mid$ vereinf.
$3x = -12 \quad \mid :3$
$x = -4$

g) $35 - (x + 6) = 22 \quad \mid$ vereinf.
$29 - x = 22 \quad \mid -29$
$-x = -7 \quad \mid \cdot(-1)$
$x = 7$

h) $\frac{x}{2} + 49 = -\frac{x}{8} - \frac{x}{4} \quad \mid$ vereinf.
$\frac{7}{8}x = -49 \quad \mid \cdot \frac{8}{7}$
$x = -56$

i) $2 \cdot (4x + 3) = 4x - 18 \quad \mid$ vereinf.
$4x = -24 \quad \mid :4$
$x = -6$

3

a) Fahrzeit Herr Schlau: $x - 2$
Wege für Herrn Klug: $60x$; für Herrn Schlau: $80 \cdot (x - 2)$
Zusammen nach x Stunden: $60x + 80 \cdot (x - 2)$
Gleichung: $60x + 80 \cdot (x - 2) = 540$
$x = 5$
Herr Klug fährt 5 Stunden. Sie treffen sich um 13 Uhr.
b) Herr Schlau hat 240 km zurückgelegt.

4

Gleichung: $2x + 2 \cdot 2x = 102$; $x = 17$
Das Rechteck ist 34 cm lang und 17 cm breit.

Lösen von Ungleichungen, Seite 36

1

a) $x > -1$	b) $x \leqq 3$	c) $x > a$

2

a) $x < -9$	b) $x < 16$	c) $x \leqq 31$
d) $x \geqq -7$	e) $x < -12$	f) $x > -14$
g) $x > 5$	h) $x \leqq 16$	i) $x \leqq 14$

3

a) $12 \cdot a \leqq 240\,\text{cm}$ $\quad$ $a \leqq 20\,\text{cm}$

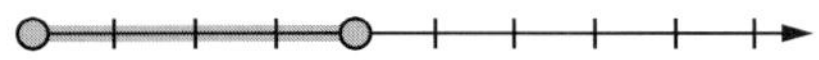

b) $6a + 3 \cdot 20 \leqq 240\,\text{cm}$ $\quad$ $a \leqq 30\,\text{cm}$

c) $96 + 16a \leqq 240\,\text{cm}$ $\quad$ $a \leqq 9\,\text{cm}$

4

a) $x + x + 1 + x + 2 < 147$ $\quad$ $x < 50$
Die größte der drei Zahlen darf höchstens 49 sein.
b)

5

$x > 0{,}2$

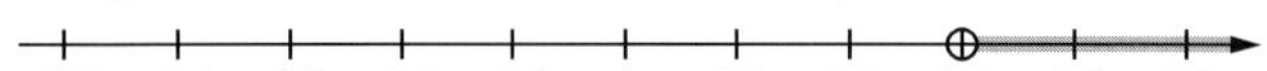

Textaufgaben systematisch lösen, Seite 37

1

Richtig sind:
1. Verstehen der Aufgabe:

• Der Hase läuft 150 Fuß vor dem Fuchs.	**34**
• Pro Sprung legt der Hase 2 Fuß zurück.	**–4**
• Pro Sprung legt der Fuchs 4 Fuß zurück.	**44**
• Nach wie vielen Sprüngen befinden sich Fuchs und Hase an der gleichen Stelle?	**19**

Zusammen 93 Punkte

2. Zerlegen in Teilprobleme:

• Zahlenbeispiel: Nach 10 Sprüngen hat der Hase 150 Fuß + 20 Fuß zurückgelegt. Der Fuchs ist dann 40 Fuß weit gekommen.	**72**
• x steht für die Anzahl der Sprünge.	**3,5**
• Weg des Hasen: $150 + 2x$	**7,5**
• Weg des Fuchses: $4x$	**23**
• Gleichung: $150 + 2x = 4x$	**81**

Zusammen 187 Punkte

3. Rechenplan durchführen:

• Ich kann die Gleichung durch Äquivalenzumformungen lösen.	**–34**
• $150 + 2x = 4x \quad \mid -2x$	**12**
• $150 = 2x \quad \mid :2$	**40**
• $75 = x$	**–26**

Zusammen –8 Punkte

4. Rückschau und Antwort:

- Antwort: Nach 75 Sprüngen holt der Fuchs den Hasen ein. **−7**
- Probe: $150 + 2 \cdot 75 = 300$ und $4 \cdot 75 = 300$ **12**
- Die Rechnung ist richtig. **39**
- Das Ergebnis scheint realistisch. **17**
- Bei der Aufgabe war unberücksichtigt geblieben, dass ein verfolgter Hase Haken schlägt. **−7**

Zusammen 54 Punkte

2

a) Skizze A; Ergebnis: a = 5 cm
b) Skizze C; Ergebnis: x = 0,3 m
c) Skizze E; Ergebnis: x = 17 cm

A
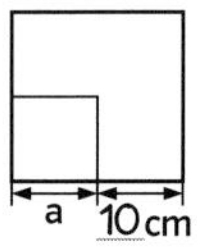

C
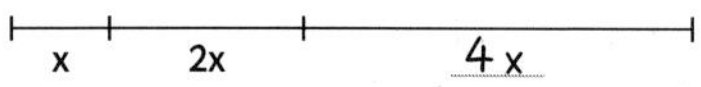

E
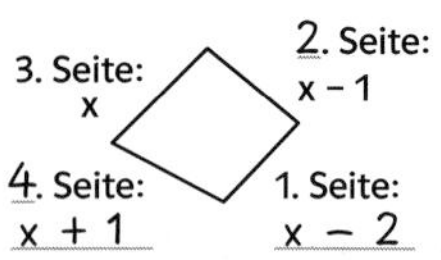

Terme, Gleichungen und Ungleichungen | Merkzettel, Seite 38

■ **Beispiele:** $3{,}2 + 1{,}8 + y + 2y = 5 + 3y$ $2{,}4 + 3{,}6 + x = 6 + x$
$(4 \cdot 2{,}5) \cdot x = 10 \cdot x$ $4 \cdot 2{,}5 + 4 \cdot x = 10 + 4x$

■ **Beispiele:** 2 13 $7 \cdot 2 - 1 = 3 \cdot 2 + 7$

■ **Text:** Äquivalenz
$-x$ -7 16 $:2$ 8
Beispiele: $8x - 5 - 2x = 3x + 9 + 1$
$6x - 5 = 3x + 10 \quad | +5$
$6x = 3x + 15 \quad | -3x$
$3x = 15 \quad | :3$

■ **Text:** negative
Beispiele: $x > (-3)$

Mittlere Werte, Spannweite, Boxplot, Seite 39

1

a) Insgesamt werden 21 Mädchen und 22 Jungen befragt.
b)

	Minimum	Zentralwert linke Hälfte	Zentralwert	Zentralwert rechte Hälfte	Maximum
Mädchen	0	2	3	4	9
Jungen	0	3	4	6	12

c)
Mädchen
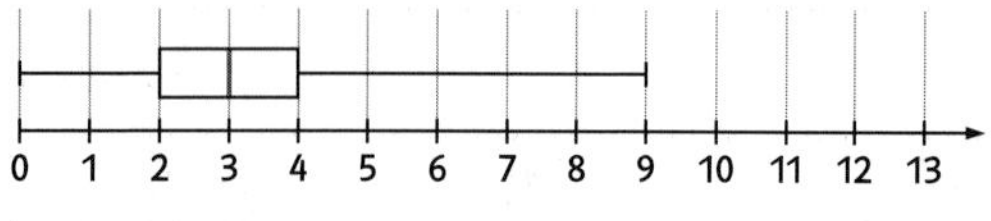

Jungen
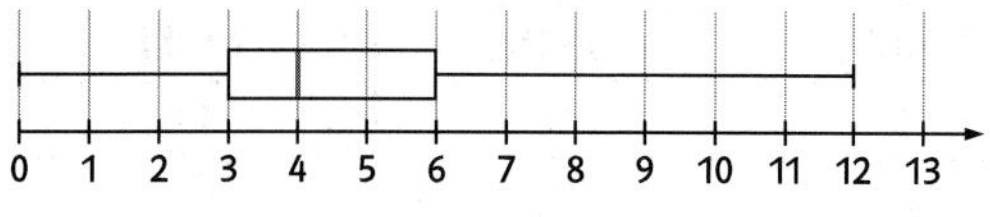

2

Summe: 1920
a)
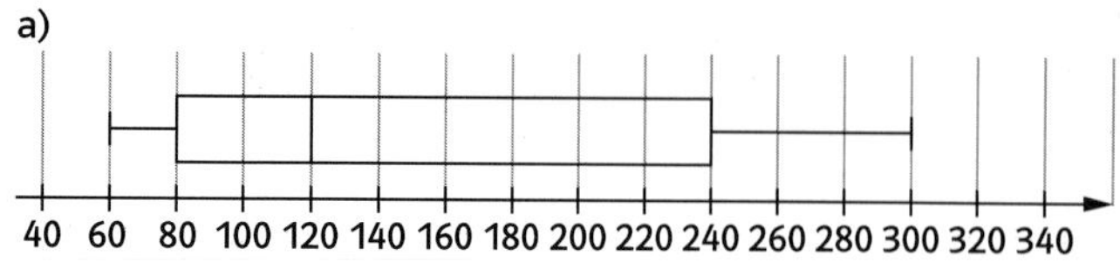

b)
☒ Eine Hälfte des Jahres war Peter mindestens 80 km und höchstens 240 km pro Monat unterwegs.
☒ Drei Viertel des Jahres war Peter höchstens 240 km pro Monat unterwegs.
☒ Peter war in dem Jahr nie weniger als 60 km und nie mehr als 300 km pro Monat unterwegs.

3

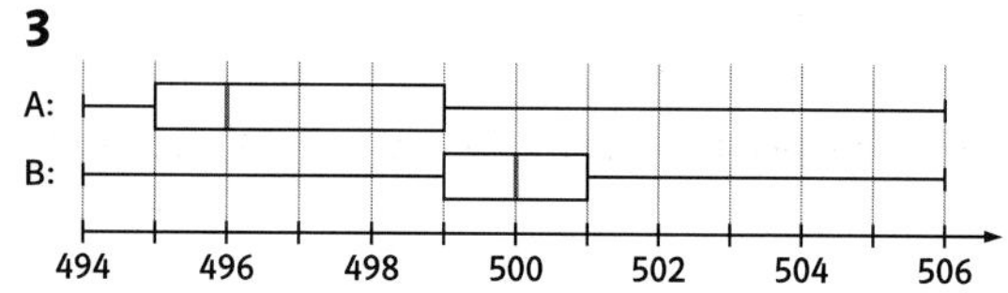

Maschine B; sie zeigt eine geringere Streuung und der Zentralwert liegt näher bei 500.

Wahrscheinlichkeiten – Entscheidungshilfen (1), Seite 40

1

Mögliche Lösungen sind:
a)
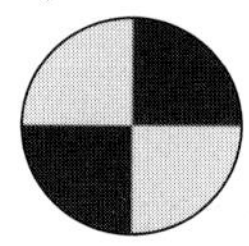
b)
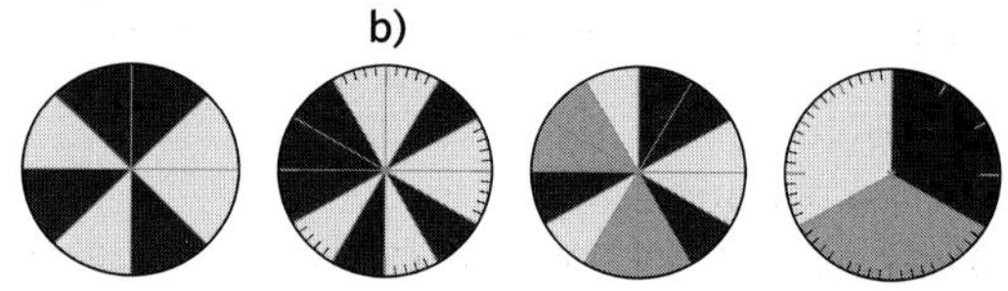

2

a) bis c) sind Zufallsgeräte, d) und e) sind keine.

3

a) Nein.
b) Ja. Mögliche Ergebnisse: z. B. gelb, grün, rot, blau (je nach Farbzusammenstellung des Würfels).
c) Ja. Mögliche Ergebnisse: z. B. Lieblings-CD oder andere
d) Ja. Mögliche Ergebnisse: Gewinn, Niete.
e) Nein. Denn man kann nur einen bestimmten Blinker setzen, den linken oder den rechten. Es gibt keinen Knopf „Blinker", wo zufällig „links" oder „rechts" gewählt werden könnte.
f) Ja. Mögliche Ergebnisse: Keine der angekreuzten Zahlen wird gezogen. Oder: 1 (2, 3, 4, 5 oder alle) der getippten Zahlen wird (werden) gezogen.

4

a) Die möglichen Ergebnisse bei einem Wurf sind 1; 2; 3; 4; 5; 6.
Da Peter schon vier Sechsen herausgelegt hat, bestehen insgesamt die Möglichkeiten (6, 6, 6, 6, 1); (6, 6, 6, 6, 2); (6, 6, 6, 6, 3); (6, 6, 6, 6, 4); (6, 6, 6, 6, 5); (6, 6, 6, 6, 6).
Nur das letzte Ergebnis ist ein „Kniffel".
Die Chance darauf ist mit $\frac{1}{6}$ eher gering.
b) Die möglichen Ergebnisse sind 1; 2; 3; 4; 5; 6.
Da Marita schon eine „Straße" herausgelegt hat, bestehen beim letzten Wurf folgende Möglichkeiten:
(2, 3, 4, 5, 1); (2, 3, 4, 5, 2); (2, 3, 4, 5, 3); (2, 3, 4, 5, 4); (2, 3, 4, 5, 5); (2, 3, 4, 5, 6)
Nur mit dem ersten oder letzten Ergebnis hat sie eine „große Straße". Die Chance darauf ist mit $\frac{2}{6} = \frac{1}{3}$ zwar nicht ganz gering, aber auch noch nicht hoch.

Wahrscheinlichkeiten – Entscheidungshilfen (2), Seite 41

1

a) $\frac{1}{3}$ b) $\frac{1}{6}$ c) $\frac{1}{2}$ d) $\frac{1}{10}$

2

a) Im Gefäß befinden sich sechs gelbe Kugeln, zwei weiße und vier rote Kugeln.

b) $\frac{3}{11}$ c) $\frac{3}{9} = \frac{1}{3}$

3

a) $\frac{1}{6}$; $0{,}1\overline{6}$; $16{,}\overline{6}\,\%$ b) $\frac{1}{20}$; 0,05; 5%

c) $\frac{1}{7}$; 0,14286; 14,3% d) $\frac{1}{7}$; 0,14286; 14,3%

e) z. B. mit einer Münze „Zahl" zu werfen; 0,5; 50%

4

a) $\frac{1}{16}$ b) $\frac{1}{4}$ c) $\frac{11}{16}$

d) etwa 31-mal Hauptgewinn, 125-mal Trostpreis, 344-mal Niete

5

a) $\frac{1}{4}$

b) 13-mal eine blaue Kugel, 10-mal eine graue und 28-mal eine weiße Kugel. (gerundete Werte, deshalb Summe 51)

Versuchsreihen ergeben Wahrscheinlichkeiten, Seite 42

1

a) aH b) rH c) rH
d) rH e) aH f) rH

2

a) Siehe Tabelle 1.

b) Die obere Verteilung (10 000 Würfe) ist wahrscheinlich für diesen Würfel.
Die untere Verteilung (100 000 Würfe) ist realistisch für einen normalen (nicht gezinkten) Würfel.

3

a) und b)

gewürfelte Zahl		1	2	3	4	5	6	7	8
Anzahl der Würfe	20	0,15	0,05	0,2	0,2	0,1	0,05	0,2	0,05
	100	0,15	0,07	0,14	0,16	0,13	0,16	0,14	0,08
	450	0,12	0,11	0,14	0,13	0,14	0,12	0,12	0,12
Wahrscheinlichkeit		12%	11%	14%	13%	14%	12%	12%	12%

Veronikas Behauptung stimmt, denn $\frac{1}{8}$ entspricht einer Wahrscheinlichkeit von 12,5%.

Häufigkeiten und Wahrscheinlichkeiten | Merkzettel, Seite 43

Beispiele:

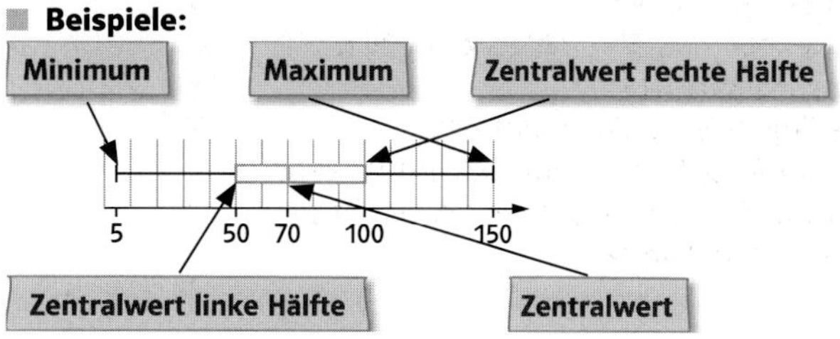

Text: Zufall; Wahrscheinlichkeit; Entscheidungen; Anteil; 1 (= 100%)

Beispiele:

ja ☒ nein ☐
ja ☐ nein ☒
ja ☐ nein ☒
ja ☒ nein ☐

a) die Wahrscheinlichkeit in beiden Fällen $\frac{1}{2}$ ist.

b) die Wahrscheinlichkeit dafür nur $\frac{4}{9} < \frac{1}{2}$ ist.

$\frac{1}{2}$ = 50%; 750-mal

Text: Zufalls; Schätzen

Beispiele:

	Blau	Grau
Absolute Häufigkeit	788	212
Relative Häufigkeit	$\frac{788}{1000}$	$\frac{212}{1000}$
Geschätzte Wahrscheinlichkeit	78,8%	21,2%

Training 2, Seite 44

1

A–F; B–D; C–E

2

Jahr	0	1	2	3	4
Guthaben	100 €	103 €	106,09 €	109,27 €	112,55 €

3

a) Neuer Wert: 848 m^2 b) Preis nach Erhöhung: 525 €

c) Neuer Preis: 441 € d) Alter Preis: 1500 €; reduzierter Preis: 1425 €

4

a) $A = 8{,}75\,cm^2$ b) $A = 34{,}1\,mm^2$

c) $A = 7{,}475\,dm^2 = 747{,}5\,cm^2$ d) $A = 0{,}315\,m^2 = 3150\,cm^2$

5

$A_{Trapez} = \frac{1}{2}(a + c) \cdot h = \frac{1}{2}(10\,cm + 5\,cm) \cdot 12\,cm = 90\,cm^2$

$A = 4 \cdot A_{Trapez} + A_{Quadrat} + A_{Quadrat} = 360\,cm^2 + 25\,cm^2 + 100\,cm^2 = 485\,cm^2$

Tabelle 1

Würfelaugen	⚀	⚁	⚂	⚃	⚄	⚅
Strichliste	IIII IIII IIII IIII I	IIII IIII	IIII IIII I	IIII IIII I	IIII IIII	IIII IIII
absolute Häufigkeit	21	9	11	11	10	10
relative Häufigkeit	$\frac{21}{72}$	$\frac{1}{8}$	$\frac{11}{72}$	$\frac{11}{72}$	$\frac{5}{36}$	$\frac{5}{36}$
in Prozent	29,2%	12,5%	15,3%	15,3%	13,9%	13,9%

6

Der schwarze Weg stellt einen Halbkreis mit dem Radius $r_1 = 3\,cm$ dar. Seine Länge beträgt $0{,}5 \cdot 2\pi \cdot 3\,cm = 3\pi\,cm \approx 9{,}42\,cm$.
Der blaue Weg stellt zwei Halbkreise mit dem gleichen Radius $r_2 = 1{,}5\,cm$ dar. Seine Länge beträgt $2\pi \cdot 1{,}5\,cm = 3\pi\,cm \approx 9{,}42\,cm$.
Der schwarze Weg ist also genau so lang wie der blaue.

Training 2, Seite 45

7

a) $2x - 5$ b) $-2{,}4k$ c) $-7{,}5y - 6$ d) $-n$

8

a) $9 - 7{,}5a$ b) $-1{,}2x + 0{,}6$ c) $-63n + 105$
d) $-5b + 11$

9

a) Gleichung:
$4 \cdot (a + 4) = 2 \cdot (4a)$
$4a + 16 = 8a \quad | -4a$
$16 = 4a \quad | :4$
$4 = a$
Lösung: a = 4 cm

b) Gleichung:
neuer Umfang = 3 · alter Umfang
$4 \cdot (a + 8) = 3 \cdot (4a)$
$4a + 32 = 12a \quad | -4a$
$32 = 8a \quad | :8$
$4 = a$
Lösung: a = 4 cm

10

a) Minimum: 10
Zentralwert linke Hälfte: 14
Spannweite: 30
Maximum: 40
Zentralwert: 18
Zentralwert rechte Hälfte: 20
b) Siehe Figur 1.
c) Maximum: 25 Spannweite: 15

11

Relative Häufigkeit:
Blau: $\frac{60}{100} = \frac{3}{5}$ Grau: $\frac{18}{100} = \frac{9}{50}$ Weiß: $\frac{22}{100} = \frac{11}{50}$

Geschätzte Wahrscheinlichkeit:
Blau: 0,6 Grau: 0,18 Weiß: 0,22
Da 100 Versuche nicht sehr viel sind und aus Symmetriegründen, könnten auch angegeben werden:
Blau: 0,6 Grau: 0,2 Weiß: 0,2

Besondere Dreiecke, Seite 46

1

a)

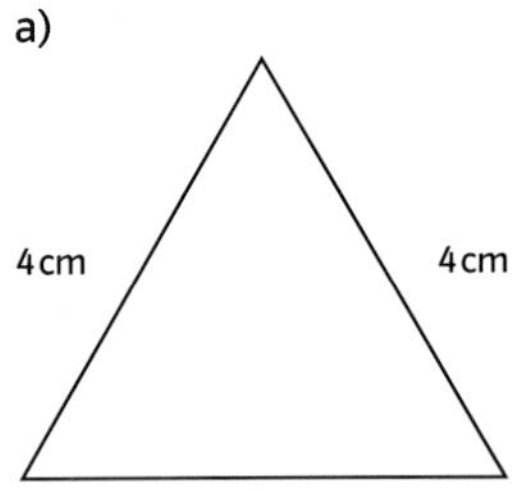

b)

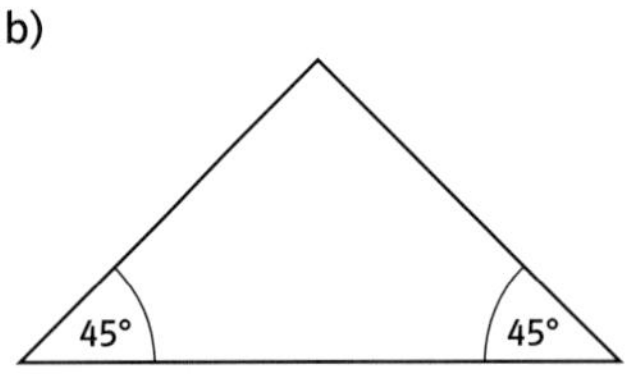

c)

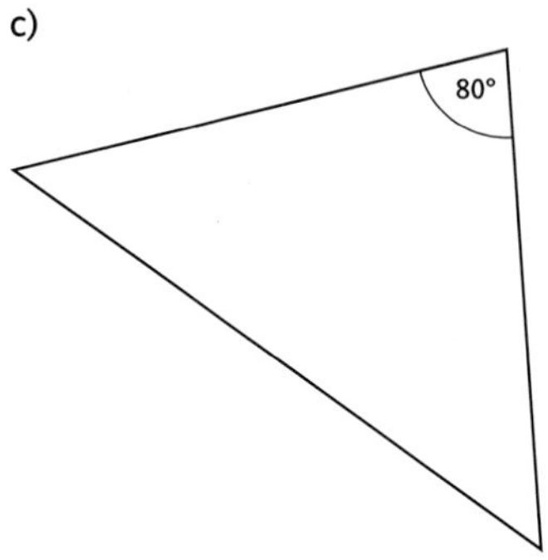

2

a) Drachen, Parallelogramm, Raute

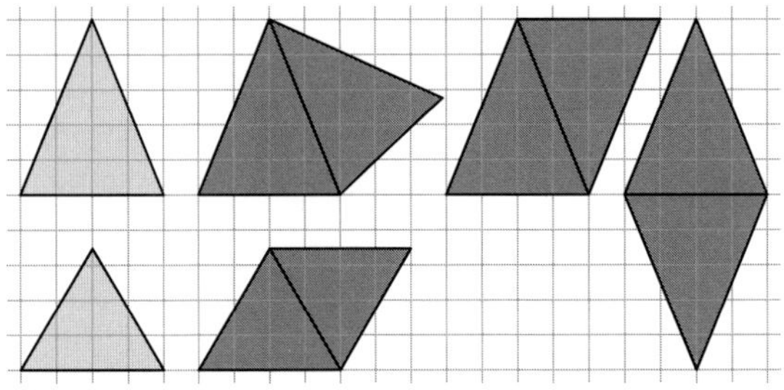

b) Raute
c) Die entstandenen Vierecke in der oberen Reihe sind Drachen, Parallelogramm und Raute; in der unteren Reihe ist es eine Raute.

3

a)

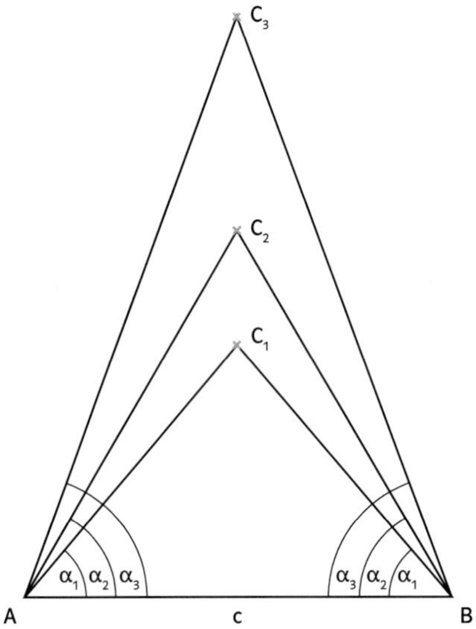

b) Je größer der Basiswinkel, umso länger die Schenkel.

4

a) Figur A: △ABC, △DEF, △ADF, △DBE, △FEC; Figur B: keine
b) Figur A: △ABM; △BCM; △CAM; △DEM; △EFM; △FDM;
Figur B: △ABC; △DFC; △CAE; △BCE

Figur 1

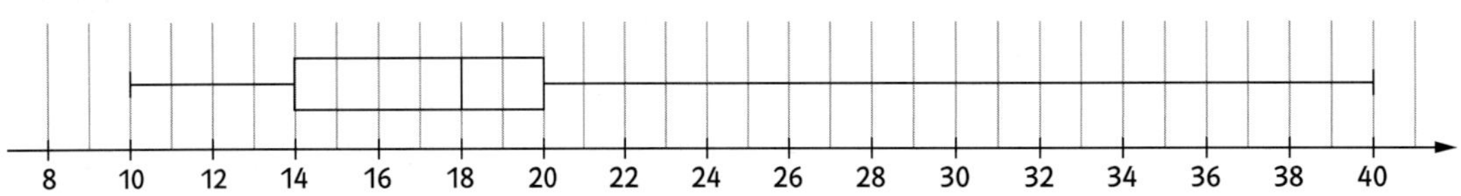

5

Der Treffpunkt beider Fische liegt immer auf der Winkelhalbierenden.

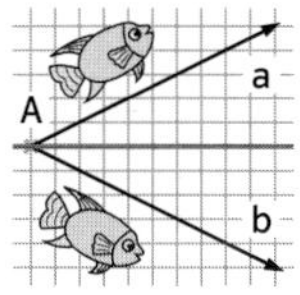

Winkel an Geradenkreuzungen, Seite 47

1

a)

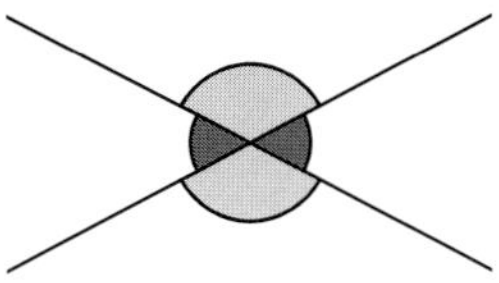

b)

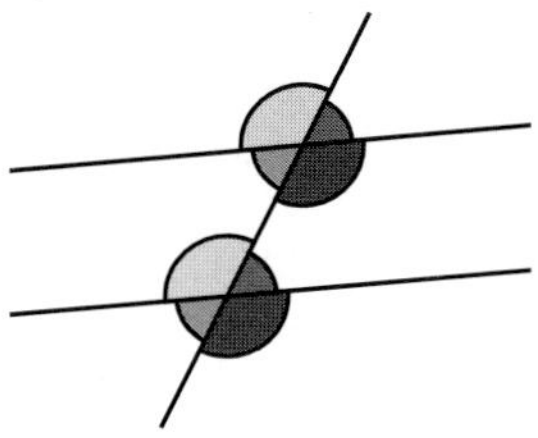

c)

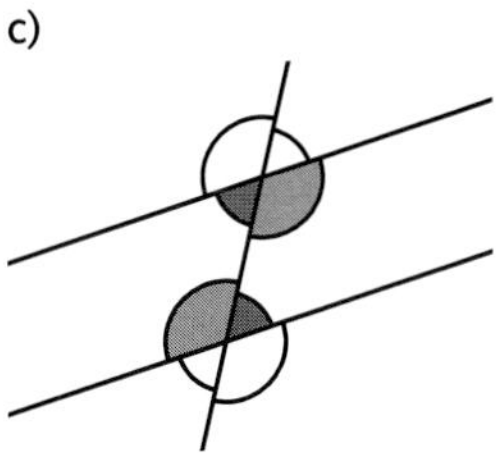

2

a) $\alpha = 120°$ als SchW
$\beta = 60°$ als NW und StW

b) $\alpha = 84°$ als WW
$\beta = 96°$ als NW

c) $\alpha = 45°$ als SchW
$\beta = 45°$ als StW

3

Rechnung	Lösungswinkel	Buchstabe
$(\alpha_1 - 7°) : 5 = (72° - 7°) : 5$	13°	M
$\alpha_2 : 12 - 8° = 108° : 12 - 8°$	1°	A
$(\alpha_3 - 12°) : 3 = (72° - 12°) : 3$	20°	T
$(\alpha_4 - 31°) : 10 = (113° - 33°) : 10$	8°	H
$(\alpha_5 - 6°) : 21 = (109° - 4°) : 21$	5°	E
$\alpha_6 : 2 - 20° = 42° : 2 - 20°$	1°	A
$(\alpha_7 - 12°) : 3 = (67° - 10°) : 3$	19°	S
$(\alpha_8 + 26°) : 5 = (71° + 24°) : 5$	19°	S

4

Die Geraden g und h sind bei beiden Teilaufgaben nicht parallel zueinander.

a)

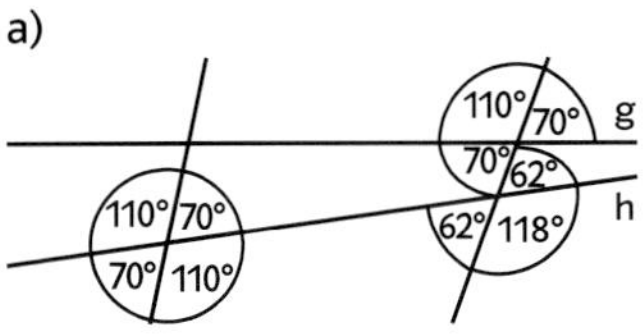

b)

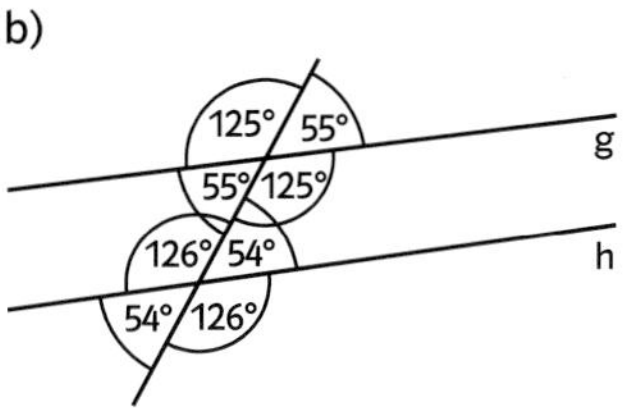

Winkelsummen (1), Seite 48

1

a) $\alpha = 55°$; $\beta = 69°$

b) $\alpha = 71°$; $\beta = 57°$

2

	α	β	γ
a)	59°	86°	35°
b)	145°	55°	–
c)	14°	26°	140°
d)	56°	90°	34°
e)	60°	45°	75°
f)	30°	45°	105°

3

a)	92°	1°
b)	91°	2°
c)	90°	3°
d)	89°	4°
e)	88°	5°

Die Summe der beiden fehlenden Winkel ist 93°.

4

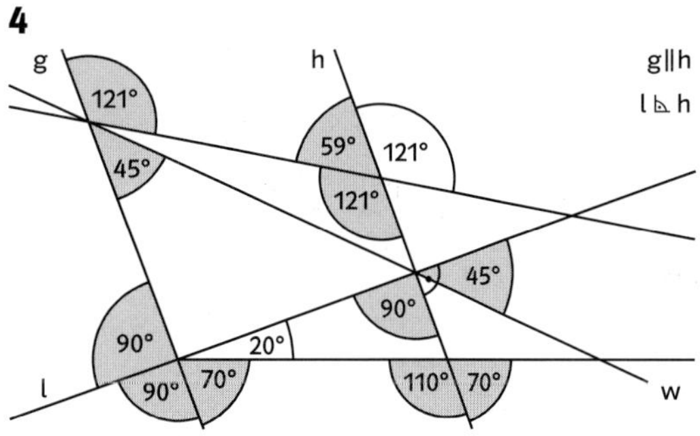

5

α_1	82°	α_2	63°	α_3	47°	α_4	35°	α_5	82°	α_6	63°	α_7	98°	α_8	37°

6

α_1	155°	α_8	55°	α_{15}	30°
α_2	25°	α_9	90°	α_{16}	60°
α_3	55°	α_{10}	90°	α_{17}	90°
α_4	60°	α_{11}	90°	α_{18}	65°
α_5	65°	α_{12}	30°	α_{19}	115°
α_6	60°	α_{13}	60°	α_{20}	115°
α_7	65°	α_{14}	90°	α_{21}	65°

Winkelsummen (2), Seite 49

1

Parallelogramm: 110°, 70°; Raute: 105°, 75°; Drachen: 105°, 90°, 60°; gleichschenkliges Trapez: 70°, 110°.

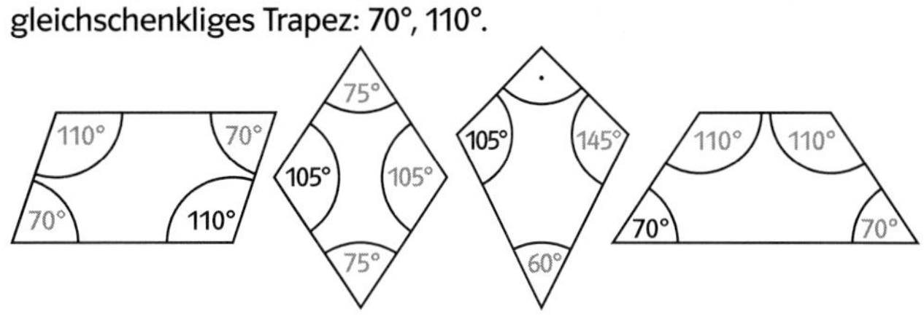

2

Die Winkelsumme im Viereck beträgt 360°.

4-Eck	α	β	γ	δ
a)	60°	95°	125°	80°
b)	63°	55°	97°	145°
c)	25,5°	87,3°	140°	107,2°

3

Die Winkelsumme im Fünfeck beträgt 540°.

5-Eck	α	β	γ	δ	ε
a)	58,5°	90°	34°	145,2°	212,3°
b)	90°	90°	115°	122,7°	122,3°
c)	98,8°	78°	73,2°	45°	245°

4

a)

α_1	α_2	α_3	α_4	α_5	α_6	α_7	α_8
60°	120°	60°	130°	130°	50°	90°	100°

b)

α_1	α_2	α_3	α_4	α_5	α_6	α_7	α_8	α_9	α_{10}	α_{11}
80°	80°	100°	100°	80°	100°	80°	87°	93°	87°	93°
α_{12}	α_{13}	α_{14}	α_{15}	α_{16}	α_{17}	α_{18}	α_{19}	α_{20}	α_{21}	α_{22}
87°	93°	87°	93°	110°	110°	70°	97°	83°	97°	83°

c)

α_1	α_2	α_3	α_4	α_5	α_6	α_7	α_8
30°	150°	30°	142°	38°	142°	75°	105°
α_9	α_{10}	α_{11}	α_{12}	α_{13}	α_{14}	α_{15}	α_{16}
105°	113°	67°	113°	105°	75°	105°	75°

5

a) 6
b) 1080°
c) Ja, das 224-Eck kann in 222 Dreiecke zerlegt werden und hat die Winkelsumme $222 \cdot 180° = 39\,960°$.

Mittelsenkrechte und Winkelhalbierende (1), Seite 50

1

Von links nach rechts sind die Beschreibungen:
M1; M4; W1; M2; W3
M3; W4; W5; M5; W2

2

Die möglichen Standorte liegen auf der Mittelsenkrechten der Strecke Neustadt – Altenburg, außerhalb des Sperrgebiets.

3

S(5,5 | 4,5)

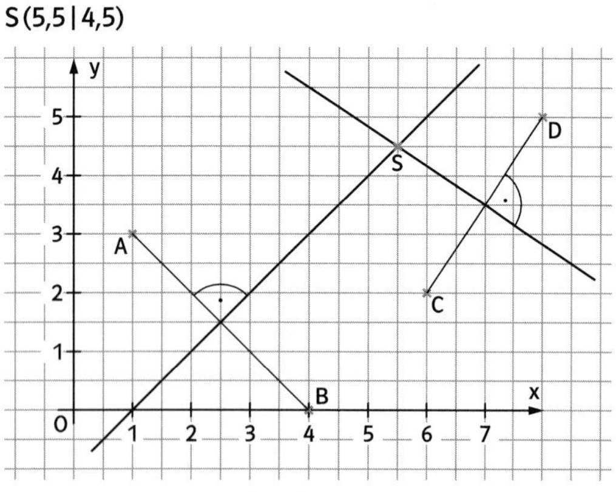

4

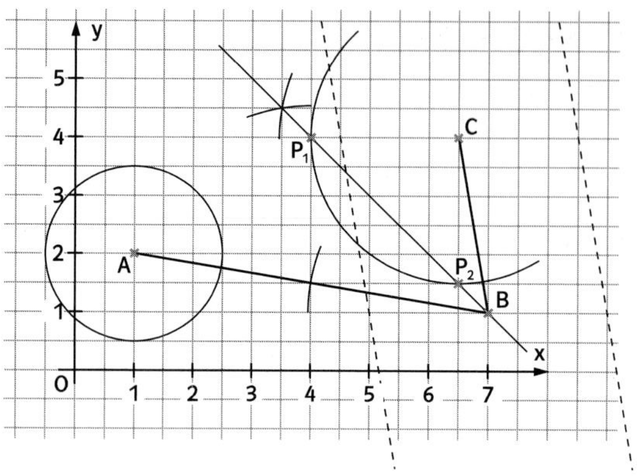

a) $P_1(4\,|\,4)$; $P_2(6{,}5\,|\,1{,}5)$
b) Es gibt keinen solchen Punkt. Die Parallelen und der entsprechende Kreis schneiden sich nicht.

Mittelsenkrechte und Winkelhalbierende (2), Seite 51

1

a)

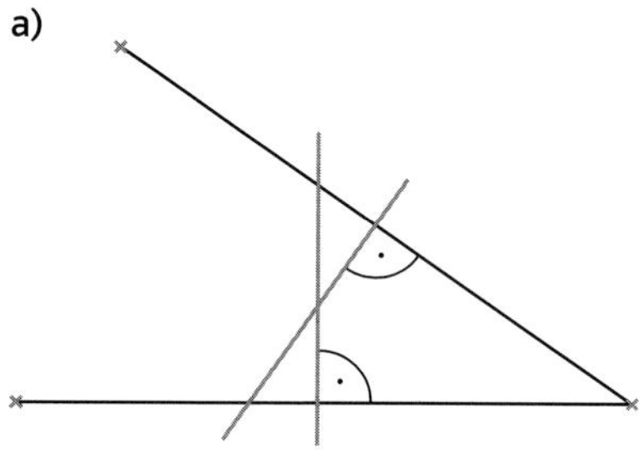

b)

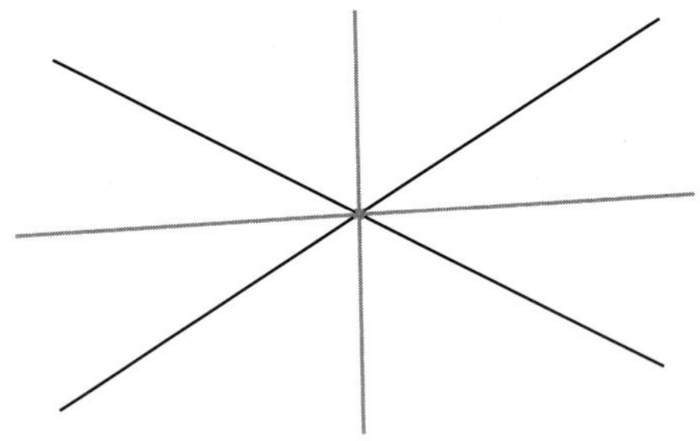

2

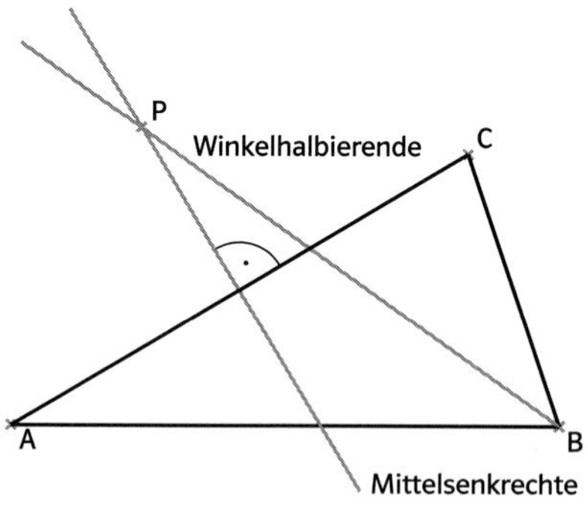

3

a) Individuelle Lösung; zum Beispiel:

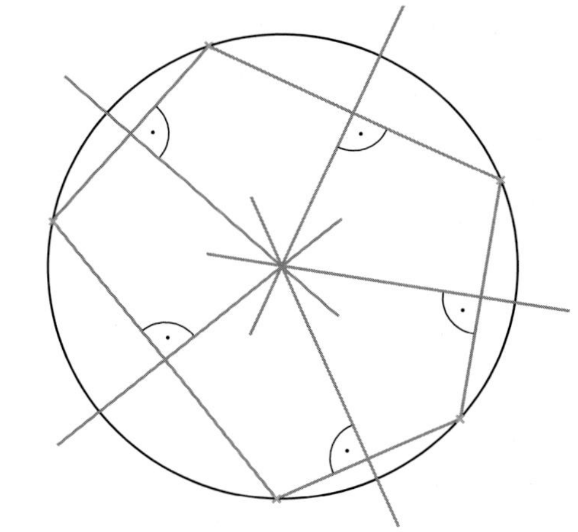

Alle Mittelsenkrechten schneiden sich in einem Punkt, nämlich dem Umkreismittelpunkt des Fünfecks.

b) Bei anderen Vielecken ergibt sich kein gemeinsamer Schnittpunkt.

4

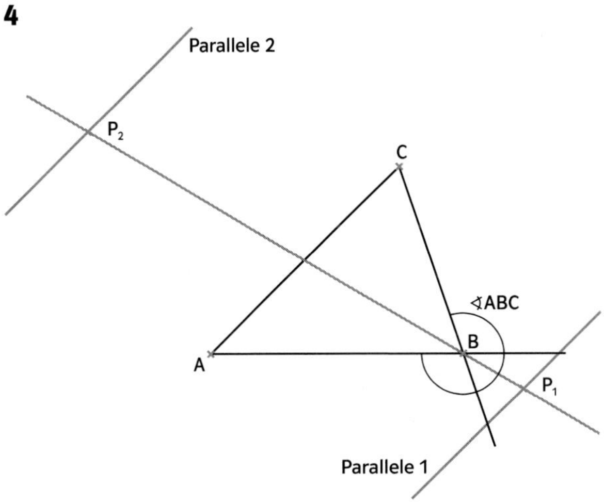

Die zweite und die dritte Aussage sind richtig.

Inkreis und Umkreis, Seite 52

1

a)

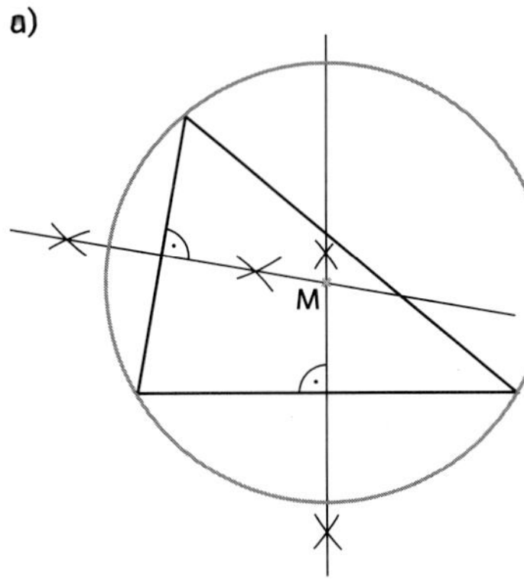

b)

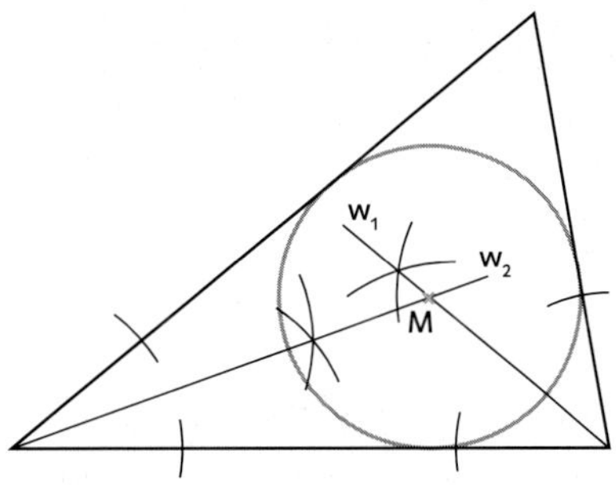

2

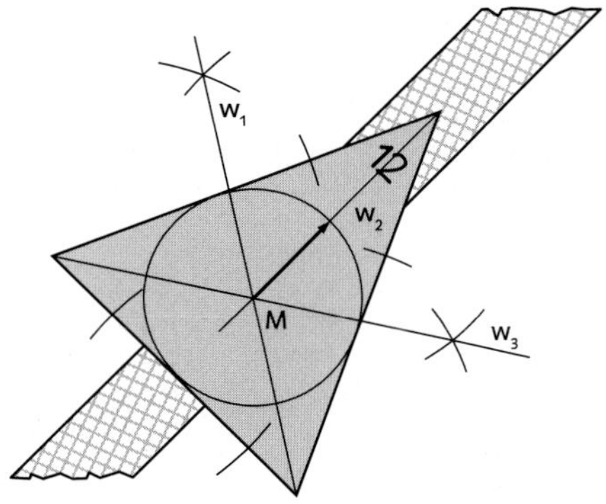

3

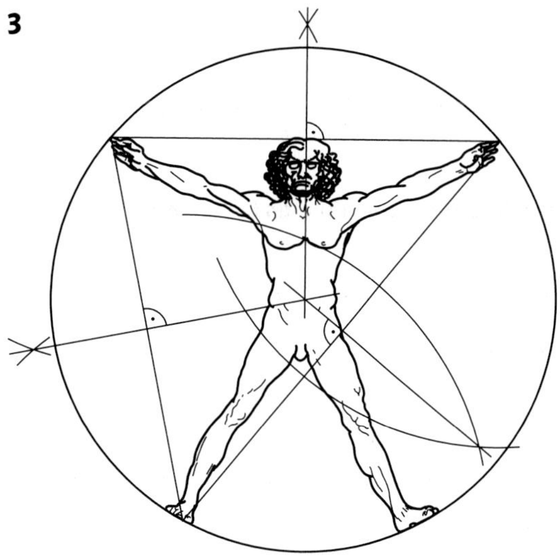

4

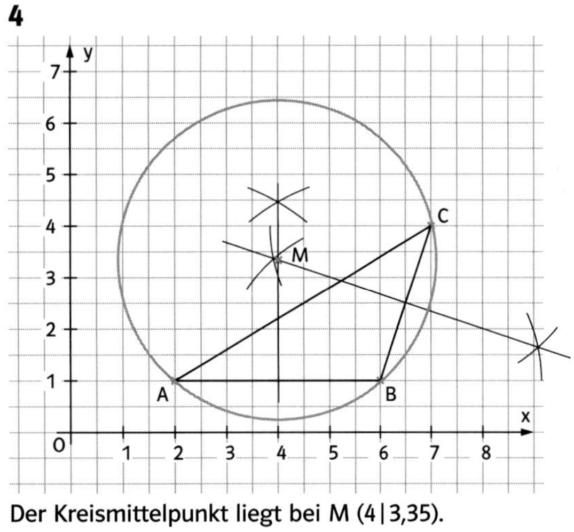

Der Kreismittelpunkt liegt bei M (4 | 3,35).

5

Konstruiert wird der Umkreis. Sein Durchmesser beträgt auf der Zeichnung 4,65 cm. Die Zeichnung hat einen Maßstab von 1:100. Der Durchmesser muss ca. 4,65 m betragen.

Höhen und Seitenhalbierende im Dreieck, Seite 53

1

H1: Gesucht ist das Dreieck ABC mit $a = 5\,\text{cm}$, $c = 6\,\text{cm}$ und $h_c = 4\,\text{cm}$.
H2: Ich zeichne die Strecke $\overline{AB}$ mit der Länge c.
H3: Ich zeichne zur Strecke c …
H4: Ich zeichne einen Kreisbogen um den Punkt B …
S1: Konstruiere das Dreieck ABC mit $a = 4{,}5\,\text{cm}$, $b = 6\,\text{cm}$ und $s_b = 5{,}5\,\text{cm}$.
S2: Ich zeichne die Strecke $\overline{BC}$ mit der Länge a.
S3: Ich zeichne einen Kreisbogen um C …
S4: Die Schnittpunkte der beiden Kreisbögen …

2

a)

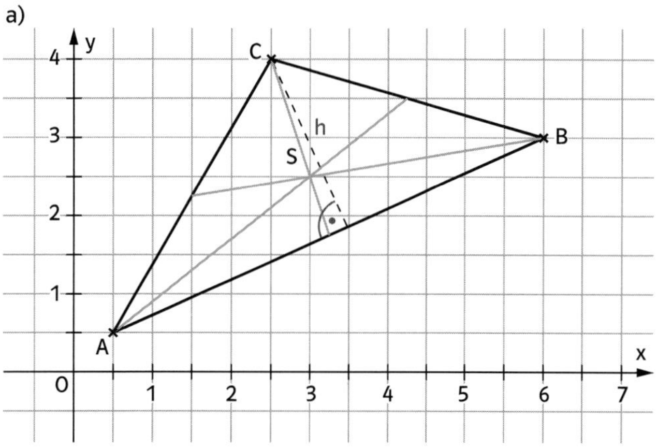

Länge von h_c (näherungsweise): 2,4 cm
Flächeninhalt Dreieck: $\frac{1}{2} \cdot 6{,}0 \cdot 2{,}4\,\text{cm}^2 = 7{,}2\,\text{cm}^2$

b) S(3 | 2,5)

3

a)

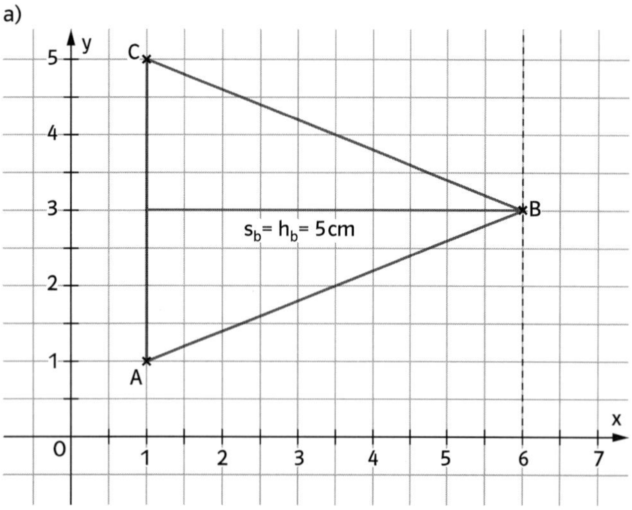

B hat die Kooridnaten (6 | 3).
b) ein gleichschenkliges Dreieck.

Kreis und Gerade, Seite 54

1

a)

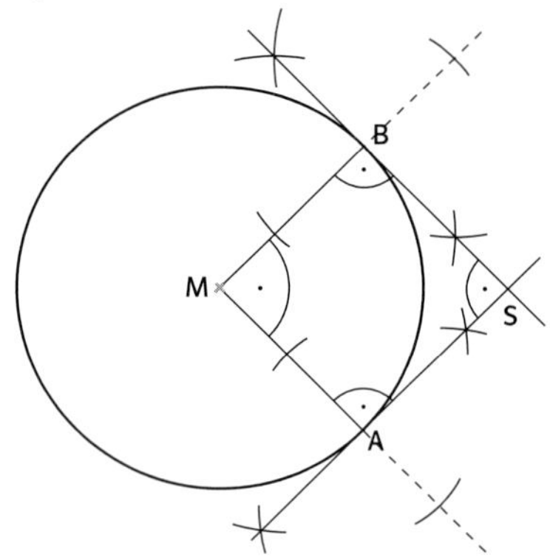

b) Der Winkel am Punkt M beträgt 90°. Der Winkel zwischen Radius r und Tangente beträgt ebenfalls 90°. Der Winkel zwischen den Tangenten ist ebenfalls 90° groß (Winkelsumme im Viereck). Somit sind $\overline{AS}$ und $\overline{BS}$ parallel und gleich lang wie r.

2

a)

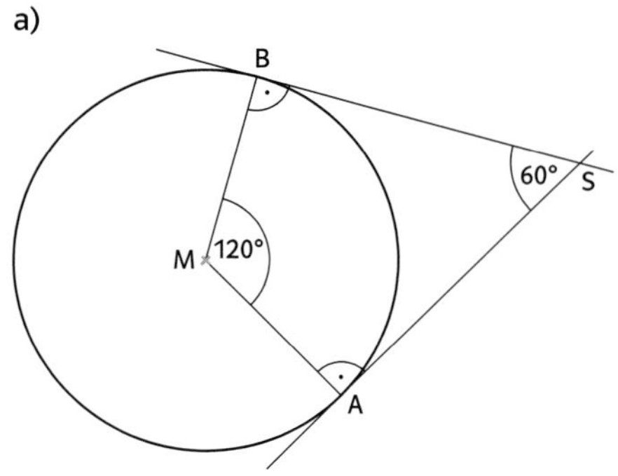

b) 100°

c) 130°

3

a) immer; Drache

b) höchstens einmal

c) zwei

d) mehrere

e) eine

f) Mittelpunkt des Kreises

4

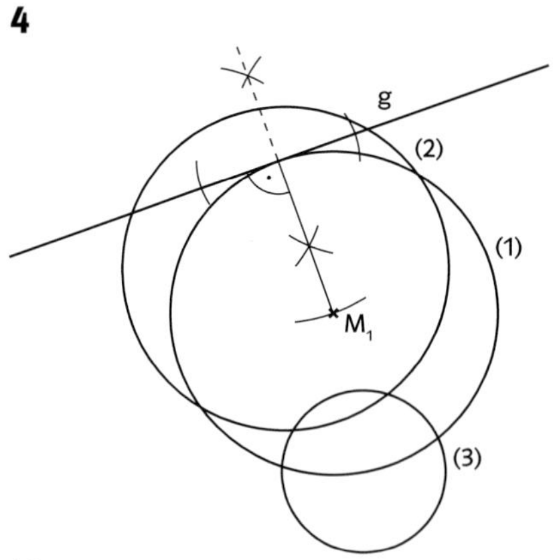

(1) g ist Tangente, (2) g ist Sekenate, (3) g ist Passante.

5

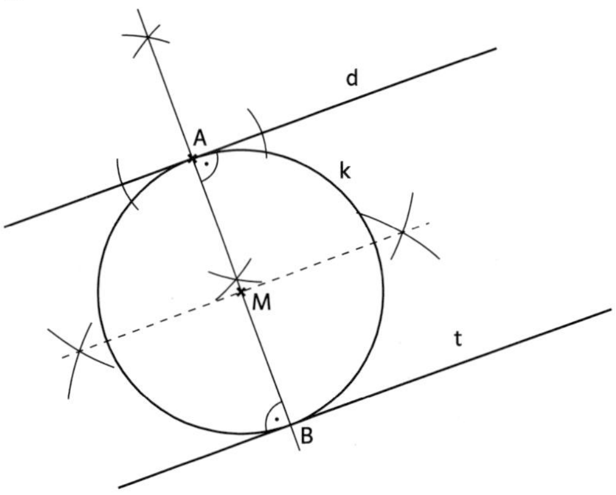

Der Satz des Thales, Seite 55

1

a)

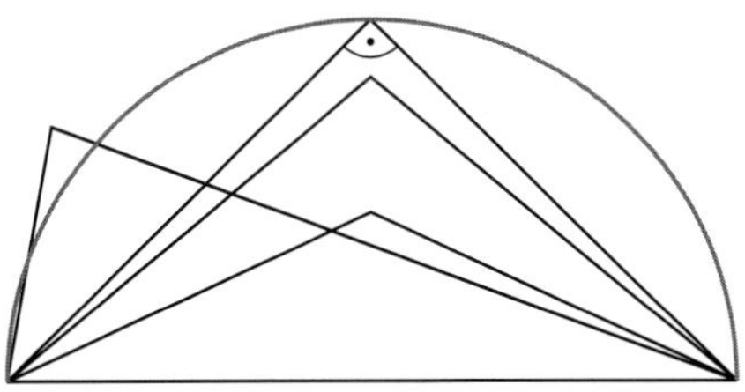

Ich habe hierfür ☒ den Satz des Thales ~~☐ die Umkehrung des Satzes des Thales~~ benötigt.

b) C_2 liegt auf dem Thaleskreis.

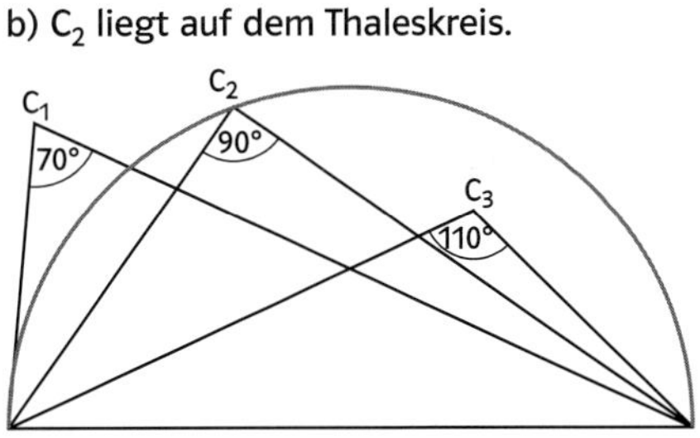

Ich habe hierfür ~~☐ den Satz des Thales~~ ☒ die Umkehrung des Satzes des Thales benötigt.

2

a)

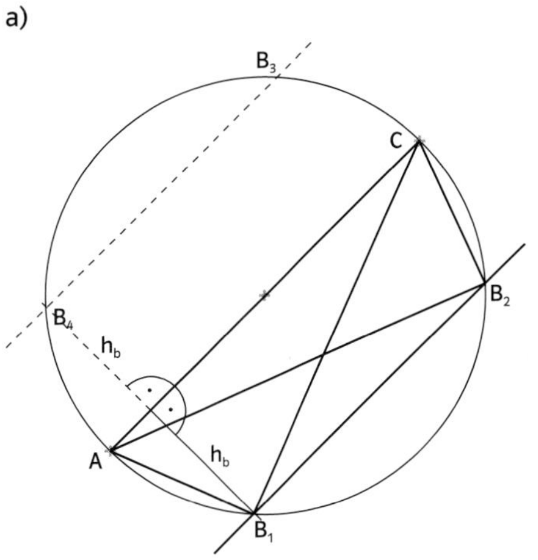

b)

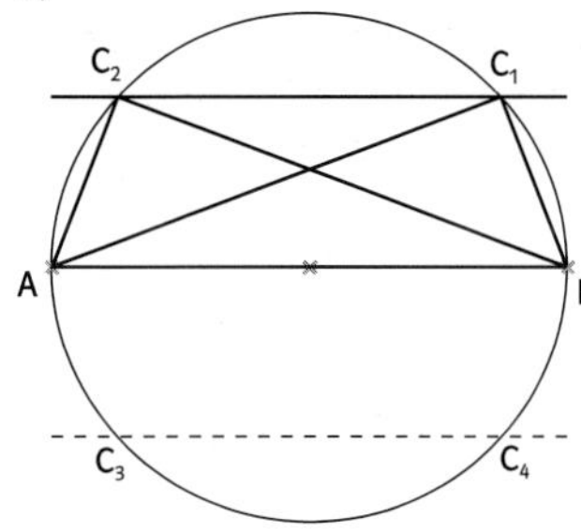

3

a) $\beta = 25°$; $\gamma = 65°$

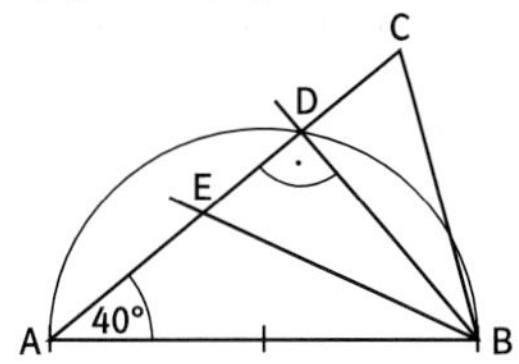

b) $\alpha = 65°$

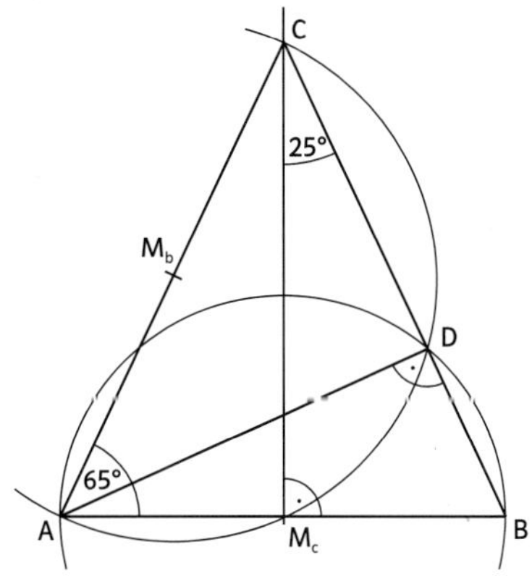

Grundkonstruktionen der Geometrie | Merkzettel, Seite 56

- **Text:** Scheitelwinkel; Nebenwinkel; 180°; Parallelen
- **Text:** Summe; 180°; β

Beispiel:

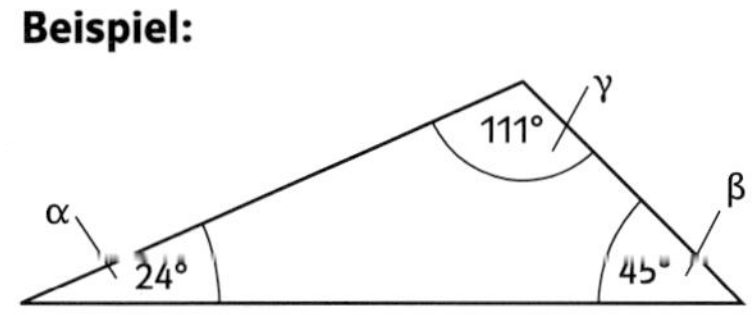

Text: 360°; 360°
Beispiel: 80°

- **Text:** Strecke

Beispiele: Umkreis

- **Text:** Schenkeln

Beispiele: Inkreis

- orthogonale; einem Punkt; Schwerpunkt

Beispiel:

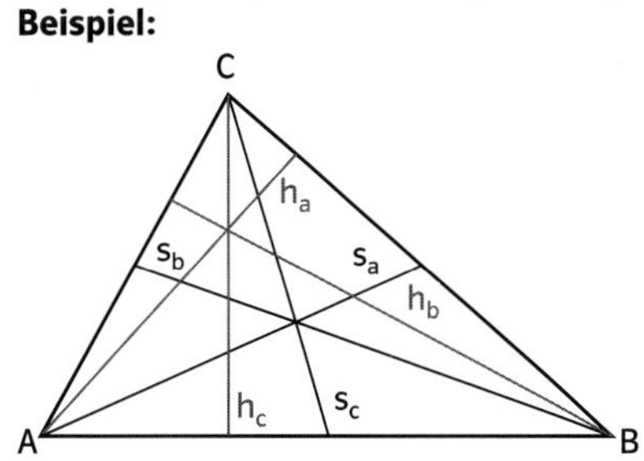

- **Text:** Thaleskreis; rechtwinkliges Dreieck

Beispiel: $\gamma_1 = \gamma_2 = \gamma_3 = 90°$

Graphen von Zuordnungen, Seite 57

1

a)

Gesprächszeit (in min)	0	10	50	60	100	200
Rechnungsbetrag (in €)	9,99	9,99	9,99	12,89	24,49	53,49

b)

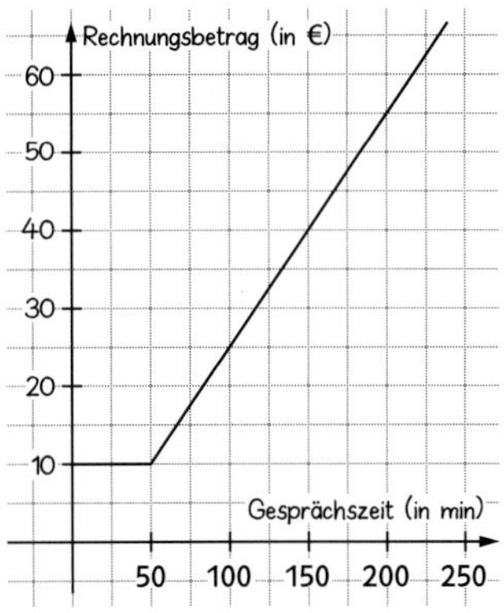

c) 9,99 + 250 · 0,29 = 82,49 €

2

a)

Bad Harzburg	ab	8:00
Goslar	an	8:20
	ab	8:25
Hildesheim	an	8:55
	ab	9:05
Hannover	an	9:40

b) 5 Minuten
c) In Hildesheim
d) Zwischen Bad Harzburg und Goslar fährt der Zug am schnellsten, da in diesem Abschnitt die Kurve im Schaubild am steilsten ist.

3

a) C b) D c) A d) E e) B f) F

4

Nach dem Start beschleunigt das Auto 1 Minute lang bis auf 30 km/h. Man fährt 30 Sekunden lang mit 30 km/h.
Die nächsten 30 Sekunden bremst das Auto bis zum Halten. 60 Sekunden lang bleibt das Auto stehen, vermutlich vor einer roten Ampel. Die nächste Minute beschleunigt man bis auf 50 km/h. Eine Minute lang fährt das Auto konstant mit 50 km/h. Die nächste Minute bremst man leicht auf 40 km/h, um dann wieder (im Laufe der folgenden 60 Sekunden) auf 50 km/h zu beschleunigen. Das Auto fährt noch 30 Sekunden lang konstant mit 50 km/h und kommt anschließend innerhalb der nächsten 30 Sekunden zum Halten.

Zuordnungsvorschriften, Seite 58

1

a) $\beta = 180° - 90° - \alpha = 90° - \alpha$; $\varepsilon = (180° - \gamma) : 2$
b) $\alpha \rightarrow 90° - \alpha$
„von ε"
$\gamma \rightarrow (180° - \gamma) : 2$
c)

α	10°	45°	60°	85°
β	80°	45°	30°	5°

γ	20°	70°	100°	160°
ε	80°	55°	40°	10°

2

a) Zuordnungsvorschrift: k = 4 · u − 13
b)

Unterarmlänge in cm	32	34	36	38
Körpergröße in cm	115	123	131	139

Unterarmlänge in cm	40	42	44	z. B. 46
Körpergröße in cm	147	155	163	171

c) Menschen sind unterschiedlich gebaut. Deshalb ist die Zuordnungsvorschrift je nach Typ unterschiedlich gut erfüllt.

3

a)

s in cm	1	2	3	4	5
A in cm²	2	8	18	32	50

b)

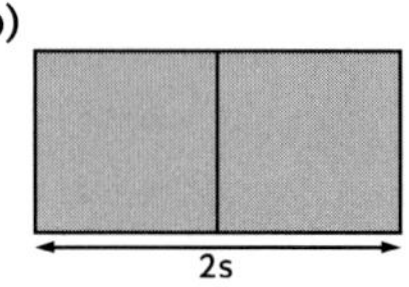

c)

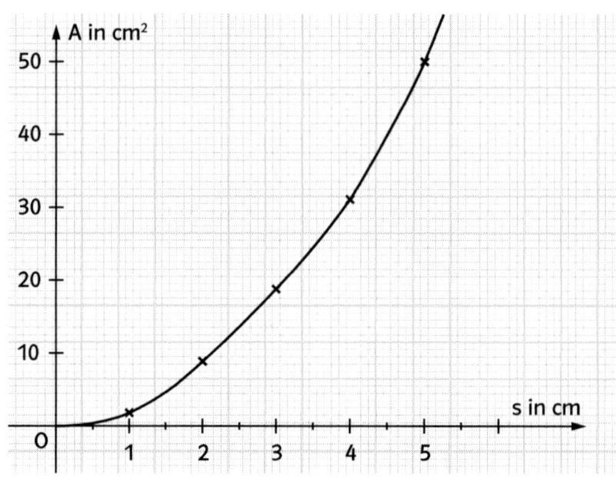

Proportionale Zuordnungen (1), Seite 59

1

a) Proportional
b) Nicht proportional, da nicht auf Dauer von gleicher Geschwindigkeit ausgegangen werden kann (z. B. Start, Landung, etc.)
c) Proportional
d) Im Allgemeinen nicht proportional, da in den Packungen eine bestimmte Anzahl enthalten ist, doppelt so große Packungen aber meist weniger als doppelt so viel kosten.

2

a) Die Zuordnung Arbeitszeit (in h) → Lohn (in €) ist proportional, weil Lucie sicher pro Stunde bezahlt wird.
b) 12 : 3 = 4
Das bedeutet: Jede Stunde verdient Lucie 4 €.
c)

·2

Arbeitszeit (in h)	1	2	3	4	5
Lohn (in €)	4	8	12	16	20

·2

d)

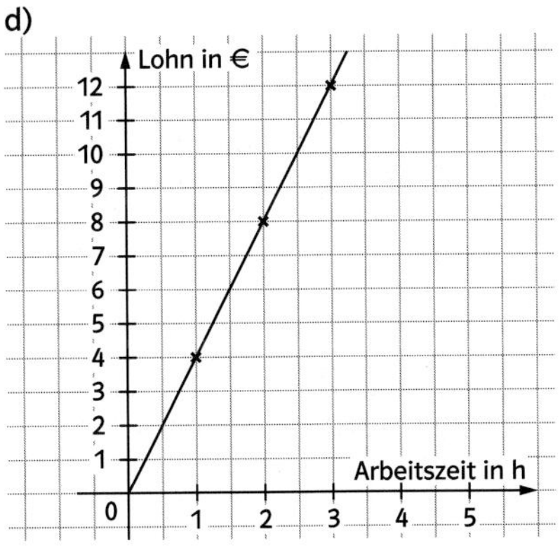

3

Die Zuordnung ist nicht proportional, denn man findet drei unterschiedliche Quotienten für $\frac{\text{Gewicht in g}}{\text{Anzahl}}$.

$\frac{80\,g}{4\text{ Stück}} = \frac{160\,g}{8\text{ Stück}} = \frac{240}{12\text{ Stück}} = 20\,g/\text{Stück}$,

$\frac{210\,g}{10\text{ Stück}} = 21\,g/\text{Stück}$ und $\frac{340\,g}{16\text{ Stück}} = 21{,}25\,g/\text{Stück}$

Außerdem hat Anna zwar beim Verdoppeln recht, aber beim Vervierfachen stimmt es nicht:

$4 \cdot 4 = 16$, aber $4 \cdot 80 = 320 \neq 340$.

4

a)	Preis in €	6	18	~~30~~ 36	~~62~~ 60
b)	Preis in €	~~1,5~~ 1,2	1,8	~~2,5~~ 2,4	3,6
c)	Zeit in min	15	25	~~40~~ 37,5	~~50~~ 45
d)	Fülldauer in s	6	15	~~22~~ 22,5	27
e)	Höhe in m	1,08	1,8	2,7	~~2,78~~ 3,6

Lösungswort: LEIPSLLAB bzw. BALLSPIEL

Proportionale Zuordnungen (2), Seite 60

1

a)

Anzahl der Schokotafeln	Gewicht (in g)
0	0
1	100
5	500

Anzahl der Eiskugeln	Preis (in €)
1	0,80
2	1,60
3	2,40

Grundstücksgröße (in m²)	Preis (in €)
500	55 000
600	66 000
700	77 000

b) $100 : 1 = 100$

$x \rightarrow 100 \cdot x$

$55\,000 : 500 = 110$

$x \rightarrow 110 \cdot x$

$2{,}40 : 3 = 0{,}80$

$x \rightarrow 0{,}8 \cdot x$

2

a)

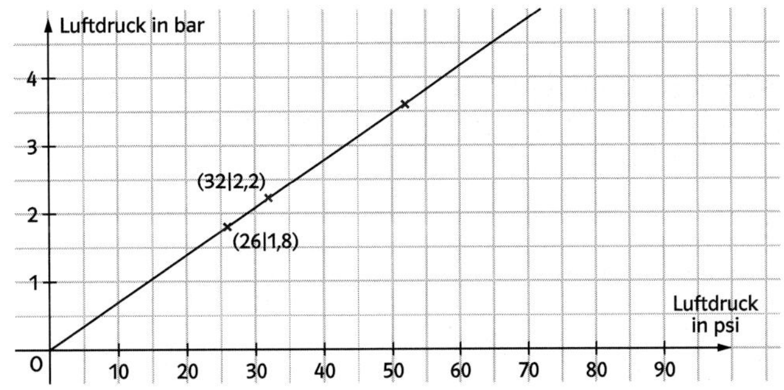

b) 2,4 – 4,5 bar

c) 32 psi

3

a) 12 km (F); 30 km (R); 60 km (M)

b) Zeit in h → Weg in km; 6,6 (F); 2,7 (R); 1,3 (M)

c) 5 h

d) 15 km

Antiproportionale Zuordnungen, Seite 61

1

a) ...halb so viel/ein Drittel erhält.

b) $x \rightarrow \frac{120\,000}{x}$

c)

Anzahl der Personen	Gewinn pro Person (in €)
1	120 000
2	60 000
4	30 000
6	20 000
10	12 000

(·2 von 1 nach 2 und von 2 nach 4; :2 von 120 000 nach 60 000 und von 60 000 nach 30 000)

d)

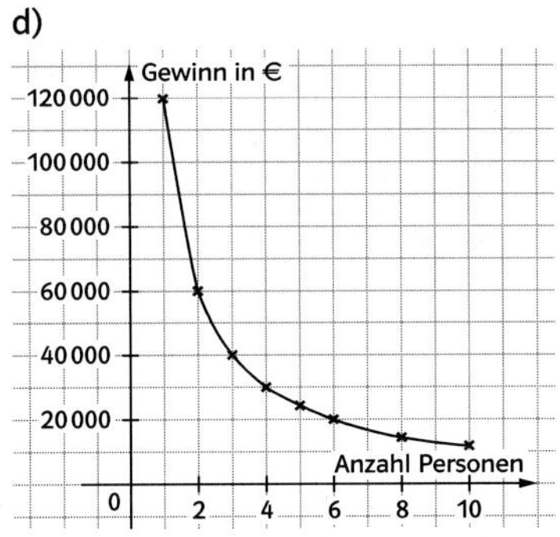

2

	Antiproportional?	Voraussetzung
a)	ja	jeder Mitfahrende muss gleich viel bezahlen, d.h. kein geringerer Kinderpreis oder z.B. Rentnerpreis.
b)	ja	Die Vögel müssen alle gleich viel essen.
c)	ja	–

3

Lösungswort: SONNENBLUMEN

4

a)

Länge (in cm)	1	2	3	4	5	6	7
Breite (in cm)	7	6	5	4	3	2	1

b) Nein. Da 2 → 6 gilt, müsste 4 → 3 gelten. Das ist nicht der Fall.

5

a) Die 22 ist falsch, sie muss durch 24 ersetzt werden, oder die 1,5 ist falsch, sie muss durch $\frac{18}{11}$ ersetzt werden.

b) Die 20 ist falsch, sie muss durch 22,5 ersetzt werden, oder die 0,8 ist falsch, sie muss durch 0,9 ersetzt werden.

Drei Werte sind gegeben – Dreisatz (1), Seite 62

1

a)

	Stück	Gewicht	
	12	3000 g	
:4	3	750 g	:4
·5	15	3750 g	·5

Anzahl der Butterstücke → Gewicht

b)

	Strecke	Zeit	
	390 km	6 h	
:3	130 km	2 h	:3
·5	650 km	10 h	·5

Fahrstrecke → Fahrzeit

c)

	Fläche	Preis	
	$105\,m^2$	577,50 €	
:7	$15\,m^2$	82,5 €	:7
·5	$75\,m^2$	412,5 €	·5

Wohnfläche → Miete

d)

	ha	t	
	30	900	
:6	5	150	:6
·20	100	3000	·20

Größe einer Apfelplantage → Apfelertrag

2

a) Baustelle

	Planierraupen	Arbeitszeit (in h)	
	5	20	
:5	1	100	·5
·4	4	25	:4

b) Fruchtsaft

	Packungsinhalt (in l)	Packungen	
	1,5	650	
:3	0,5	1950	·3
·4	2	487,5	:4

c) Tulpensträuße

	Sträuße	Tulpen pro Strauß	
	8	15	
:2	4	30	·2
·3	12	10	:3

d) Parkgestaltung

	Gärtner	Arbeitstage	
	14	18	
:7	2	126	·7
·4	8	31,5	:4

Lösungswort: SUPER GELOEST!

3

a) Die Zuordnung Gewicht der Erdbeeren (in g) → Gewicht des Gelierzuckers (in g) ist proportional, da der doppelten Erdbeermenge auch die doppelte Menge an Gelierzucker zugeordnet wird.

b) Frage 1: Wie viel Gelierzucker braucht man für 1 kg Erdbeeren?
Antwort 1: Man braucht $\frac{4}{3}$ kg Zucker (≈ 1334 g).
Frage 2: Wie viele Erdbeeren kann man mit 1,5 kg Gelierzucker einkochen?
Antwort 2: 1,125 kg Erdbeeren

	Erdbeeren	Gelierzucker	
	750 g	1 kg	
:3	250 g	$\frac{1}{3}$ kg	:3
·4	1 kg	$\frac{4}{3}$ kg	·4
:2 (von 750 g)	375 g	500 g	:2 (von 1 kg)
·3	1,125 g	1,5 kg	·3

Drei Werte sind gegeben – Dreisatz (2), Seite 63

1

Für 1 Blech braucht man 100 g : 5 = 20 g Hefe und für 7 Bleche 7 · 20 g = 140 g Hefe.

2

Die benötigte Zeit ist dann $1\frac{1}{2}$ Arbeitstage.
Gespart werden $\frac{3}{4}$ Arbeitstage.

Anzahl Maschinen	Arbeitstage
2	$2\frac{1}{4}$
1	$4\frac{1}{2}$
3	$1\frac{1}{2}$

3

a) 23 Kinder

	Personen	Gewicht pro Person in kg	
	13	80	
·16	208	5	:16
:9	$\approx 23\frac{1}{9}$	45	·9

b) $74\frac{2}{7}$ kg ≈ 74 kg

	Personen	Gewicht pro Person in kg	
	13	80	
:13	1	1040	·13
·14	14	$74\frac{2}{7}$	:14

4

a) Proportional; 1200 kg
b) Antiproportional; 180 000 Stück
c) Weder/noch; die Kochzeit hängt von mehreren Faktoren ab.
d) Antiproportional; 1400 Pakete
e) Antiproportional; der Langstreckenläufer braucht im Allgemeinen für 10 000 m im Verhältnis mehr als für 3000 m.

Zuordnungen | Merkzettel, Seite 64

Tabelle; x; y; Quotient; Geraden; 3; Produkt; 120; proportionalen; antiproportionalen; 12; 6

Training 3, Seite 65

1

a) Falsche Aussage. Gegenbeispiel: $-6 = -\frac{6}{1}$
b) Wahre Aussage. Beispiele: $\frac{1}{8} = \frac{125}{1000} = 0{,}125$; $\frac{5}{6} = 0{,}8\overline{3}$
c) Falsche Aussage. Gegenbeispiel: $0 = \frac{0}{5}$
d) Falsche Aussage. Gegenbeispiel: $3 - 5 = -2$, aber $5 - 3 = 2$, also ist $3 - 5 \neq 5 - 3$.

2

1. Schritt: Berechnung der Jahreszinsen Z mit der Formel
   $Z = K \cdot 1{,}5\,\% = 480\,€ \cdot 0{,}015 = 7{,}20\,€$
2. Schritt: Vom 1. Juni bis 31. Dezember sind es insgesamt
   $7 \cdot 30 = 210$ Zinstage.
3. Schritt: Berechnung der Tageszinsen mit der Formel
   $Z_t = \frac{Z \cdot t}{360} = \frac{7{,}20\,€ \cdot 210}{360} = 4{,}20\,€$

3

	a	b	h_a	h_b	A
a)	4,5 cm	5 cm	3,8 cm	3,42 cm	17,1 cm²
b)	20 m	60 m	90 m	30 m	18 a
c)	2,85 m	1,7 m	1,6 m	≈ 2,68 m	4,56 m²

4

a)

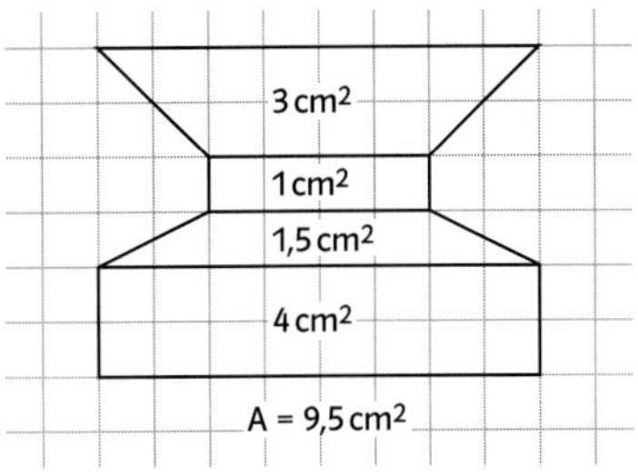

b)

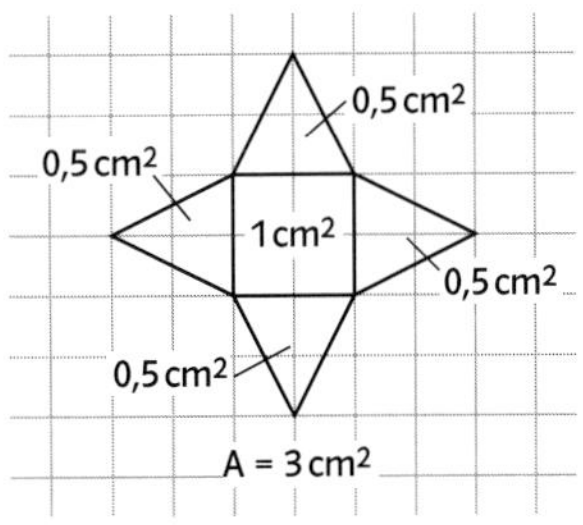

c)

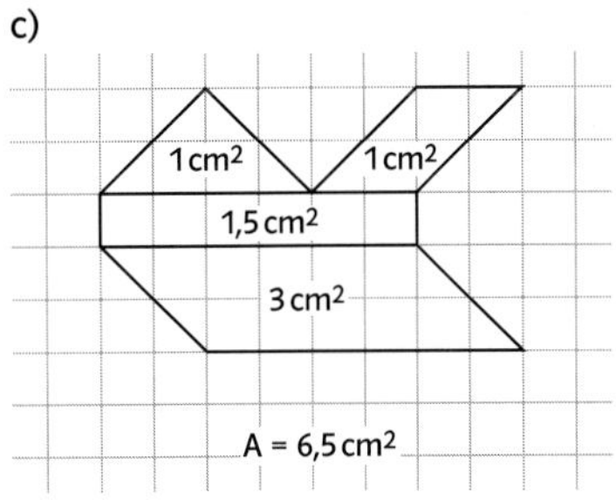

5

a)

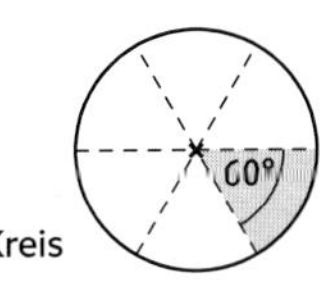

$\frac{1}{6}$-Kreis

Bogenlänge:
≈ 2,09 cm;
Kreisausschnitt:
≈ 2,09 cm²

b)

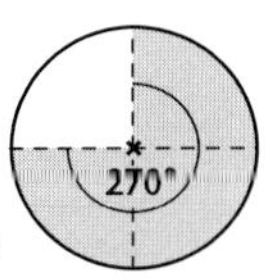

$\frac{3}{4}$-Kreis

Bogenlänge:
≈ 9,42 cm;
Kreisausschnitt:
≈ 9,42 cm²

c)

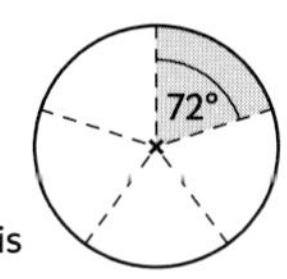

$\frac{1}{5}$-Kreis

Bogenlänge:
≈ 2,51 cm;
Kreisausschnitt:
≈ 2,51 cm²

Training 3, Seite 66

6

a) s : 5　　b) $x - \frac{3}{100}$　　c) s − 5
d) s : 3　　e) x : 2 + 4

Lösungswort: PAUSE

7

b) x = 3　　c) x = 4　　d) x = −9
e) x = 1　　f) x = 1,5

8

a) $2x < 2$　　| : 2
$x < 1$
b) $-9y \geqq 99$　　| : (−9)
$y \leqq -11$
c) $-8a > -56$　　| : (−8)
$a < 7$

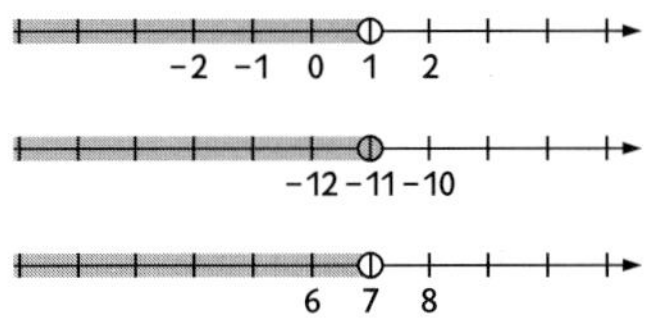

9

a) $\frac{4}{12} = \frac{1}{3} = 0,\overline{3}$　　b) $\frac{3}{10} = 0,3$　　c) $\frac{6}{15} = \frac{2}{5} = 0,4$

d) Ich würde das Glücksrad c) drehen, da dort die Gewinnwahrscheinlichkeit am größten ist.

10

a) $\frac{1}{10}$	0,1	10 %
b) $\frac{5}{10} = \frac{1}{2}$	0,5	50 %
c) $\frac{3}{10}$	0,3	30 %
d) $\frac{4}{10} = \frac{2}{5}$	0,4	40 %

Training 3, Seite 67

11

α = 115°; β = 115°; γ = 65°; δ = 115°

12

α = 68°　　β = 69°　　γ = 34°　　δ = 34°

13

Der Schnittpunkt der Winkelhalbierenden und der Mittelsenkrechten liegt von beiden Häusern 1,6 cm entfernt, das entspricht 8 m.

14

a) C, D
b) A, D
c) E, F
d) B, F

15

a) Gewinn pro Mitspieler: 4720 €　Gesamtgewinn: 33 040 €
Die Zuordnung ist antiproportional.
b) Zeit für die Strecke: etwa 140 min
Die Zuordnung ist proportional.

Beilage zum Arbeitsheft Lambacher Schweizer 7 **ISBN:** 978-3-12-733676-4
ISBN: 978-3-12-733675-7

www.klett.de

Zeichnungen/Illustrationen: Da-Tex Gerd Blumenstein, Leipzig; imprint, Zusmarshausen; media office gmbh, Kornwestheim
Satz: Da-Tex Gerd Blumenstein, Leipzig

Lösen von Gleichungen durch Äquivalenzumformungen (2)

1 Rahme die Fehler ein und schreibe die Verbesserung neben die Aufgabe.

a) $5x - 8 = -2 \quad | +8$

$5x = \boxed{-10} \quad | :5$ — $5x = 6 \quad | :5$

$x = \boxed{-2}$ — $x = \frac{6}{5}$

b) $-24 = \frac{1}{3}x + 21 \quad | -21$

$-45 = \frac{1}{3}x \quad | :3$

$15 = x$

c) $-16 - 2x = 38 \quad | +16$

$-2x = 54 \quad | :2$

$x = 27$

d) $4(x + 5) = 2(4x + 11) - 2$ | vereinfachen

$4x + 20 = 8x + 20 \quad | -4x$

$20 = 4x + 20 \quad | -20$

$40 = 4x \quad | :2$

$x = 10$

e) $2x + 20 = x - 24 \quad | -x$

$x + 20 = -24 \quad | -20$

$x = -4$

2 Löse die Gleichungen mithilfe von Äquivalenzumformungen. Schreibe die einzelnen Schritte neben die Gleichung.

a) $x - 12 = -8 \quad |$ ______

b) $\frac{1}{2} + x = -\frac{1}{2} \quad |$ ______

c) $x \cdot 4 = -10 \quad |$ ______

d) $6 - \frac{1}{2}x = 5 \quad |$ ______

e) $8x + 3 = 7 \quad |$ ______

f) $8x - 5x = -12 \quad |$ ______

g) $35 - x - 6 = 22 \quad |$ ______

h) $\frac{x}{2} + 49 = -\frac{x}{8} - \frac{x}{4} \quad |$ ______

i) $2 \cdot (4x + 3) = 4x - 18 \quad |$ ______

3 Herr Klug und Herr Schlau möchten sich treffen. Da sie 540 km voneinander entfernt wohnen, fährt Herr Klug bereits um 8 Uhr los. Gemächlich fährt er mit seinem alten Auto 60 km pro Stunde. Herr Schlau startet erst zwei Stunden später, fährt aber durchschnittlich 80 km pro Stunde.

a) Wie lang ist Herr Klug unterwegs, bis sich die beiden treffen?

Herrn Klugs Fahrzeit: x ______ Herrn Schlaus Fahrzeit: ______

Zurückgelegter Weg von Herrn Klug ______ und von Herrn Schlau ______

Zusammen haben sie nach x Stunden ______ Kilometer zurückgelegt. Gleichung: ______

Antwort: ______

b) Wie viele Kilometer hat Herr Schlau dann zurückgelegt?

4 Stelle die Gleichung auf und löse sie. (Tipp: Beschrifte erst die Planskizze.)
Ein Rechteck ist doppelt so lang wie breit. Sein Umfang beträgt 102 cm. Berechne Länge und Breite.

Gleichung: ______

Planskizze:

1 Hier sind alle Lösungen verschiedener Ungleichungen dargestellt. Vervollständige die Ungleichungen.

a)
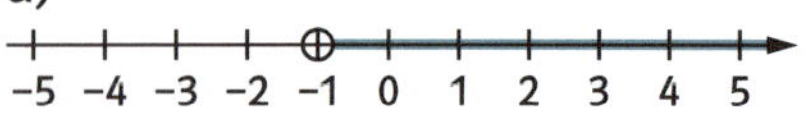

x ______

b)
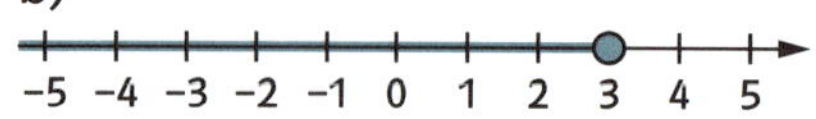

x ______

c)

x ______

2 Löse die Ungleichungen mithilfe von Äquivalenzumformungen. Schreibe die einzelnen Schritte daneben.

a) $12 + x < 3$

b) $4 > x - 12$

c) $4x \leqq 124$

d) $2x + 4 \geqq x - 3$

e) $5 - x > 17$

f) $\frac{1}{2} - x < 14{,}5$

g) $8x + 2 > 7 + 7x$

h) $\frac{x}{2} - 6 \leqq \frac{x}{4} - 2$

i) $15 - 2x \geqq 1 - x$

3 Maria hat 2,4 m Draht und möchte das Kantenmodell des abgebildeten Körpers bauen. Wie lang darf a höchstens sein, damit ihr Draht reicht? Verdeutliche deine Lösungen auf dem Zahlenstrahl.

a)
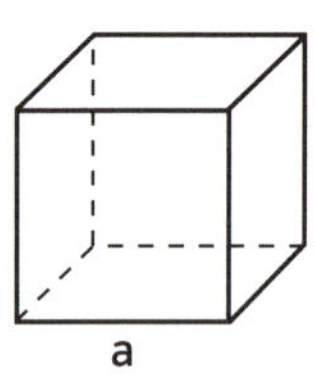

Würfel

Ungleichung: ______

alle Lösungen:

b)
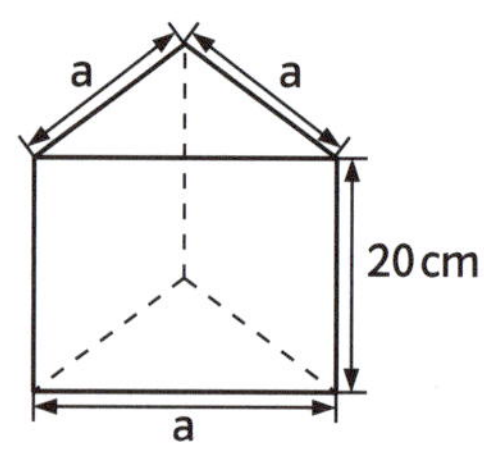

Ungleichung: ______

c)
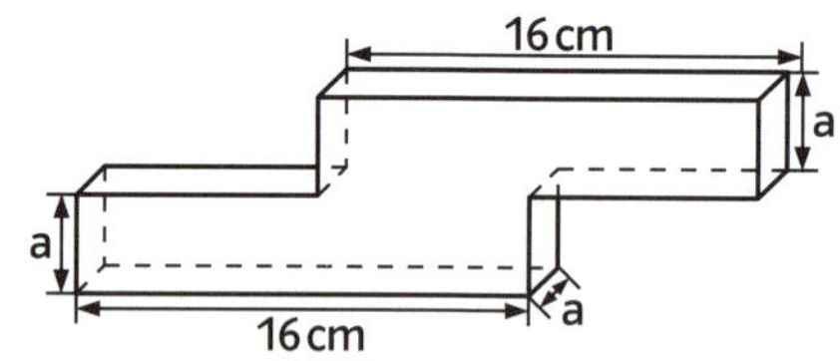

Ungleichung: ______

4 Die Summe dreier aufeinanderfolgender ganzer Zahlen soll kleiner als 147 sein. Wie groß darf die größte der drei Zahlen höchstens sein?

a) Ungleichung: ______

b) Lösungsmenge:

5 Löse die Ungleichung. Kennzeichne die Lösungsmenge auf dem Zahlenstrahl.
$x - 2(2 - 3x) > x - 3 + 0{,}2$

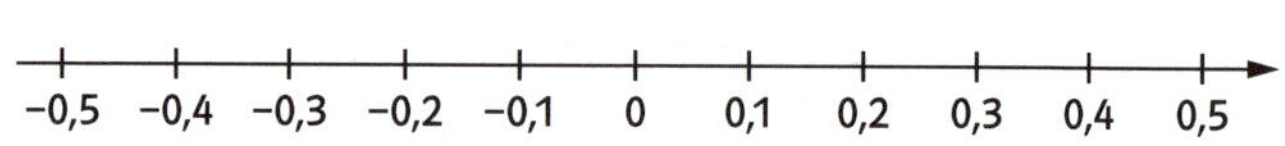

1 Eine Aufgabe wird in vier Schritten gelöst. Findest du die richtigen Zeilen in jedem der vier Schritte? Markiere sie. Wenn du alle Zahlen addierst, die neben auszuführenden Arbeitsschritten stehen, erhältst du 326.
Aufgabe: Ein Fuchs verfolgt einen Hasen, der 150 Fuß Vorsprung hat. Der Hase macht zwei Fuß weite Sprünge, während der Fuchs doppelt so weit springt. Nach wie vielen Sprüngen holt der Fuchs den Hasen ein?

A Verstehen der Aufgabe

- Der Hase läuft 150 Fuß vor dem Fuchs. **34**
- Fuchs und Hase starten zur gleichen Zeit. **17**
- 1 Fuß = ______ m **22**
- Pro Sprung legt der Hase 2 Fuß zurück. **−4**
- Der Fuchs hat ein rotes Fell. **17**
- Pro Sprung legt der Fuchs 4 Fuß zurück. **44**
- Wann hat der Fuchs den Hasen überholt? **8**
- Nach wie vielen Sprüngen befinden sich Fuchs und Hase an der gleichen Stelle? **19**

B Ausdenken eines Plans

- Zahlenbeispiel: Nach 10 Sprüngen hat der Hase 150 Fuß + 20 Fuß zurückgelegt. Der Fuchs ist dann 40 Fuß weit gekommen. **72**
- x steht für den zurückgelegten Weg. **−15**
- x steht für die Anzahl der Sprünge. **3,5**
- Weg des Hasen: $150 + 2x$ **7,5**
- Weg des Hasen: $150 + x$ **12**
- Weg des Fuchses: $150 - 4x$ **56**
- Weg des Fuchses: $4x$ **23**
- Gleichung: $150 + 2x = 4x$ **81**
- Ungleichung: $150 + 2x < 4x$ **39**

C Rückschau und Antwort

- Antwortsatz: Nach 75 Fuß hat der Fuchs den Hasen eingeholt. **17**
- Antwort: Nach 75 Sprüngen läuft der Fuchs vor dem Hasen. **−9**
- Antwort: Nach 75 Sprüngen holt der Fuchs den Hasen ein. **−7**
- Antwort: Nach 75 Sprüngen frisst der Fuchs den Hasen. **−8**
- Probe: $150 + 2 \cdot 75 = 300$ und $4 \cdot 75 = 300$ **12**
- Die Rechnung ist richtig. **39**
- Fuchs und Hase halten 75 Sprünge kaum durch. **23**
- Das Ergebnis scheint realistisch. **17**
- Bei der Aufgabe war unberücksichtigt geblieben, dass ein verfolgter Hase Haken schlagt. **−7**

D Rechenplan durchführen

- Ich kann die Gleichung durch Äquivalenzumformungen lösen. **−34**
- $150 + 2x = 4x \quad | -2x$ **12**
- $150 = 6x \quad |:6$ **92**
- $25 = x$ **11**
- $150 = 2x \quad |:2$ **40**
- $75 = x$ **−26**

2 Oft sind Skizzen beim Ausdenken eines Lösungsplans hilfreich. Ordne den Aufgaben die zugehörigen Skizzen zu, streiche die falsche Skizze durch. Fülle die Lücken und löse dann die Aufgaben in deinem Heft.

a) Verlängert man die Seiten eines Quadrats um 10 cm, so verdreifacht sich sein Umfang.

Skizze: ______ Ergebnis: ____________

b) Eine 2,1 m lange Holzlatte wird in drei Teilstücke zersägt. Das zweite ist doppelt so lang wie das erste, das dritte noch mal doppelt so lang wie das zweite. Skizze: ______ Ergebnis: ____________

c) Die vierte Seite eines Vierecks ist um 1 cm länger als die dritte. Die zweite Seite ist um 1 cm kürzer als die dritte und die erste wiederum um 1 cm kürzer als die zweite. Der Umfang des Vierecks beträgt 66 cm.

Skizze: ______ Ergebnis: ____________

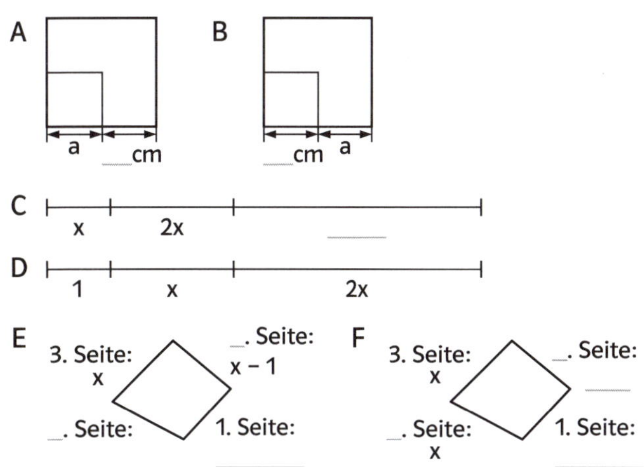

Fülle die Lücken. Löse dann die Beispielaufgaben.

Terme umformen

Beim Umformen von Termen werden vor allem folgende drei Rechengesetze angewandt:

Das **Kommutativgesetz**: $a + b = b + a$ $\quad a \cdot b = b \cdot a$

Das **Assoziativgesetz**: $a + (b + c) = (a + b) + c$

$a \cdot (b \cdot c) = (a \cdot b) \cdot c$

Das **Distributivgesetz**:

Ausmultiplizieren: $a \cdot (b + c) = a \cdot b + a \cdot c$

$a \cdot (b - c) = a \cdot b - a \cdot c$ oder umgekehrt

Ausklammern: $a \cdot b \pm a \cdot c = a \cdot (b \pm c)$

Verkürzte Schreibweisen: $2 \cdot x = 2x$ $\quad 1x = x$ $\quad -1x = -x$

- $3{,}2 + y + 1{,}8 + 2y$

  $= 3{,}2 +$ ___ $+$ ___ $+$ ___ $=$ ___
- $2{,}4 + (3{,}6 + x)$

  $= (2{,}4 +$ ___ $) +$ ___ $=$ ___
- $4 \cdot (2{,}5 \cdot x)$

  $= (4 \cdot$ ___ $) \cdot$ ___ $=$ ___
- $4 \cdot (2{,}5 + x)$

  $= 4 \cdot$ ___ $+$ ___ $\cdot$ ___ $=$ ___

Lösen von Gleichungen

Um eine Gleichung mit einer Variablen zu lösen, muss man für die Variable die Zahl finden, für die der linke und der rechte Term der Gleichung den gleichen Wert ergeben.

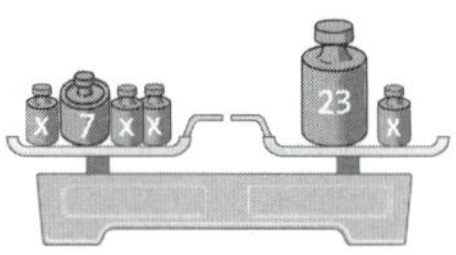

Gleichung: $3x + 7 = 23 + x$

$x =$ ___ heißt Lösung der Gleichung.

- $7x - 1 = 3x + 7$; für $x =$ ___ haben der linke und der rechte Term den gleichen Wert: ___.

  $7 \cdot$ ___ $- 1 = 3 \cdot$ ___ $+ 7$

Äquivalenzumformungen

Um die Lösung zu finden, formt man die Gleichung – meist in mehreren Schritten – so lange um, bis auf der einen Seite nur noch die Variable steht.

Diese Umformungen heißen ______________ umformungen.

Dabei darf man

- auf beiden Seiten den gleichen Term addieren/subtrahieren.
- beide Seiten mit dem gleichen Term (außer mit 0) multiplizieren.
- beide Seiten durch den gleichen Term (außer durch 0) dividieren.

$3x + 7 = 23 + x$ | ___

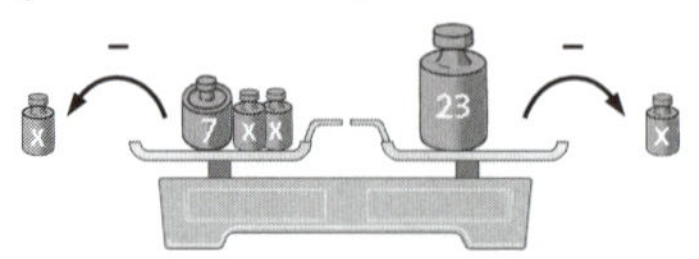

$2x + 7 = 23$ | ___

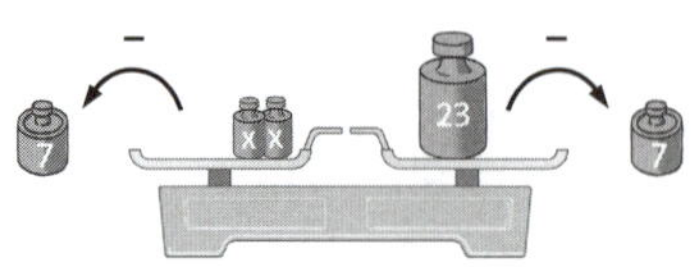

$2x =$ ___ | ___

$x =$ ___

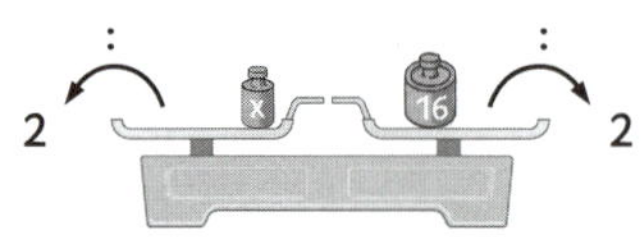

- $8x - (5 + 2x) = 3(x + 3) + 1$

  ___ = ___

  ___ = ___ | ___

  ___ = ___ | ___

  ___ = ___ | ___

  $x = 5$

Probe:

$40 - (5 +$ ______ $) = 3 \cdot 8 + 1$

___ = ___

Ungleichungen

Ungleichungen löst man wie Gleichungen mit Äquivalenzumformung.

Aber: Beim Multiplizieren und Dividieren durch eine ______________ Zahl dreht sich das Ungleichheitszeichen um.

Die Lösungen einer Ungleichung lassen sich gut am Zahlenstrahl darstellen.

- $-7x < 21$ $\quad | : (-7)$

  x ______

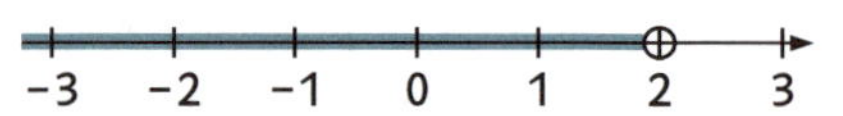

$x < 2$

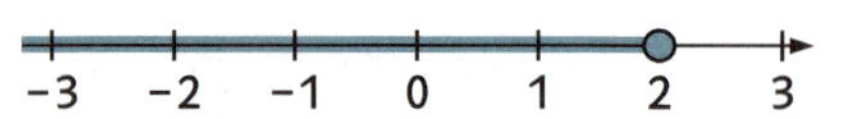

$x \leq 2$

Mittlere Werte, Spannweite, Boxplot

1 Bei einer Untersuchung wurden Mädchen und Jungen befragt: „Wie viele Stunden pro Woche treibst du Sport?“ Unten siehst du die ermittelten Ranglisten.

Mädchen	0	0	1	1	1	2	2	2	3	3	3	3	3	4	4	4	5	5	5	7	9	
Jungen	0	0	1	1	2	3	3	3	3	4	4	4	5	5	6	6	6	7	7	9	10	12

a) Insgesamt wurden ____ Mädchen und _____ Jungen befragt.

b) Ergänze die folgende Tabelle.

	Minimum	Zentralwert linke Hälfte	Zentralwert	Zentralwert rechte Hälfte	Maximum
Mädchen					
Jungen					

c) Stelle jeweils den Boxplot für die Mädchen und die Jungen dar.

Mädchen

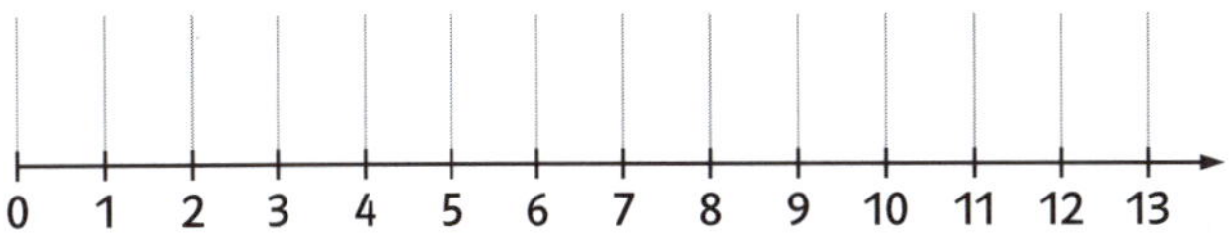

Jungen

2 Peter hat sich notiert, wie viele Kilometer er im Monat mit dem Rad unterwegs war.

Monat	1	2	3	4	5	6	7	8	9	10	11	12	Summe
Kilometer	60	100	80	120	220	240	280	240	300	120	80	80	

a) Erstelle den Boxplot.

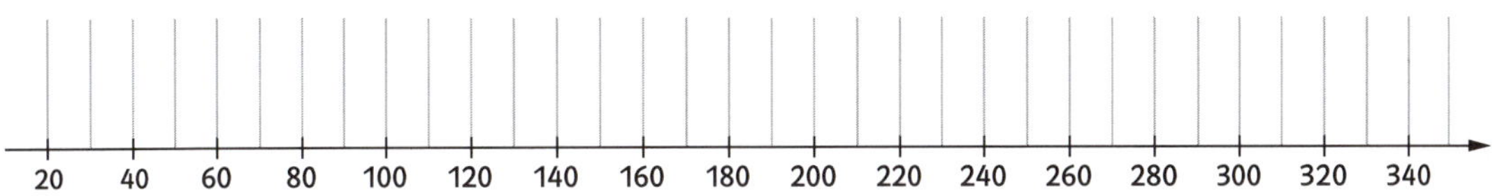

b) Welche Informationen kann man dem Boxplot entnehmen? Kreuze an.

☐ Ein Viertel des Jahres war Peter pro Monat mindestens 120 km unterwegs.
☐ Eine Hälfte des Jahres war Peter mindestens 80 km und höchstens 240 km pro Monat unterwegs.
☐ Drei Viertel des Jahres war Peter höchstens 240 km pro Monat unterwegs.
☐ Peter war in dem Jahr nie weniger als 60 km und nie mehr als 300 km pro Monat unterwegs.

3 Für die automatische Verpackung von Druckerpapier testet eine Firma zwei Maschinen. Beide Maschinen sollen 500 Blatt pro Paket verpacken. Stelle das Testergebnis in zwei Boxplots dar. Welche Maschine sollte gekauft werden? Begründe.

Blätter pro Paket	494	495	496	497	498	499	500	501	502	503	504	505	506
Anzahl Pakete Maschine A	19	33	50	29	16	14	15	11	3	3	3	2	2
Anzahl Pakete Maschine B	2	5	7	11	13	36	55	33	15	11	6	4	2

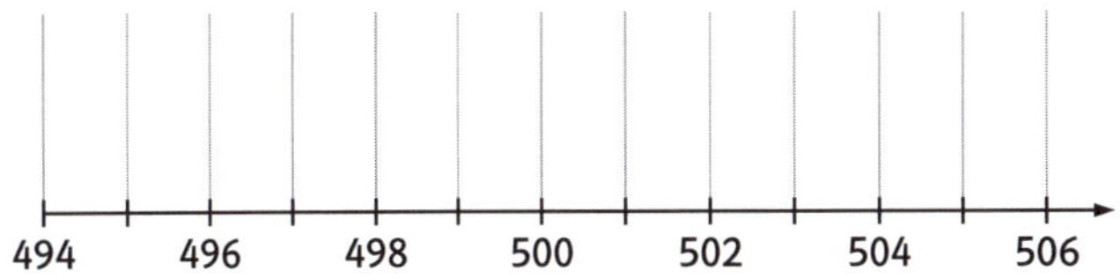

1 Gestalte die Glücksräder so, dass es ein faires Spiel für die angegebene Personenzahl gibt. Gib für die leeren Räder einen weiteren Vorschlag an.

a) für zwei Personen

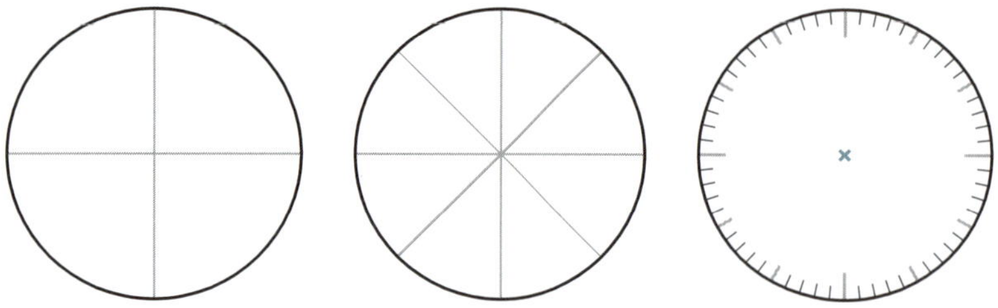

b) für drei Personen

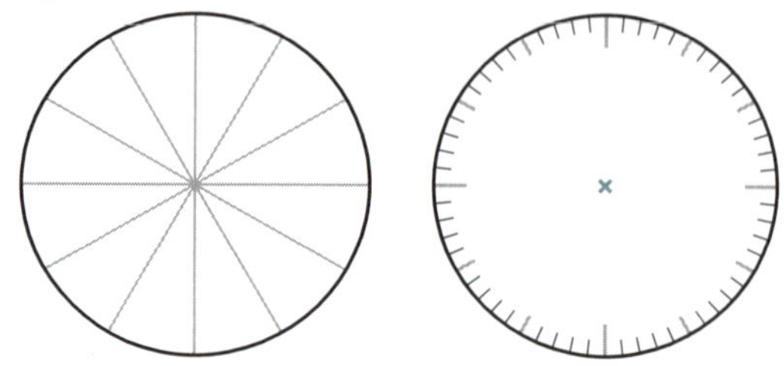

2 Welche der folgenden Geräte sind Zufallsgeräte? Kreuze an.

a) 
☐ Würfel

b) 
☐ Spielstein

c) 
☐ Münze

d) 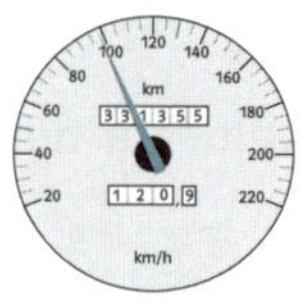
☐ Kilometerzähler

e) 
☐ Wecker

3 Welche der folgenden Vorgänge sind Zufallsexperimente? Entscheide. Wenn es sich um ein Zufallsexperiment handelt, nenne zwei mögliche Ergebnisse des Experiments.

Vorgang	Ja	Nein	Mögliche Ergebnisse	
a) Eine Autofarbe wird ausgesucht.	○	○		
b) Ein Farbenwürfel wird geworfen.	○	○		
c) Eine CD wird mit geschlossenen Augen aus dem Regal genommen.	○	○		
d) Ein Glücksrad mit den Sektoren „Gewinn“ und „Niete“ wird gedreht.	○	○		
e) Ein Blinker beim Auto wird gesetzt.	○	○		
f) Ein Lottoschein wird ausgefüllt und abgegeben.	○	○		

4 Beim Würfelspiel „Kniffel“ würfelt man mit fünf Würfeln. Jeder Spieler hat drei Würfe. Nach jedem Wurf kann man so viele Würfel in den Becher zurücklegen, wie man möchte.

a) Peter hat bereits zweimal gewürfelt. Er möchte möglichst viele Sechsen würfeln. Vier Sechsen hat er schon herausgelegt. Er legt einen Würfel in den Becher zurück. Welche Ergebnisse sind möglich? ______________________

____

Er hofft, dass er noch eine Sechs würfelt, da er für fünf gleiche Würfel (das ist ein Kniffel) 50 Punkte erhält. Die Chance darauf ist ☐ eher hoch ☐ eher gering.

b) Auch Marita hat zweimal gewürfelt. Sie hat eine „Straße“ herausgelegt. Sie legt einen Würfel in den Becher zurück. Welche Ergebnisse sind möglich?

____

Sie hofft darauf, dass sie entweder eine Eins oder eine Sechs würfelt, da sie dann eine „Große Straße“ hat, für die sie 40 Punkte bekommt. Die Chance darauf ist ☐ eher hoch ☐ eher gering.

1 Gib jeweils die Wahrscheinlichkeiten mithilfe eines Bruches an.
Wie groß ist die Wahrscheinlichkeit,

a) von drei Birnen die mit dem Wurm zu erwischen? ____________

b) mit einem 6-seitigen Würfel eine Drei zu würfeln? ____________

c) bei einer Münze die Zahl oben zu sehen? ____________

d) eine 2 als letzte Ziffer der Telefonnummer zu haben? ____________

2 In einem Gefäß befinden sich zwölf Kugeln. Die Hälfte der Kugeln ist gelb. Außerdem sind noch weiße und rote Kugeln enthalten. Es sind zwei rote Kugeln mehr als weiße Kugeln.

a) Male die Kugeln entsprechend aus.

b) Die Wahrscheinlichkeit, eine rote Kugel zu ziehen, nachdem bereits eine rote Kugel gezogen worden ist, beträgt ____________.

c) Es wurden bereits alle weißen und eine rote Kugel gezogen. Wie groß ist die Wahrscheinlichkeit, beim nächsten Zug eine andere rote Kugel zu ziehen? ____________.

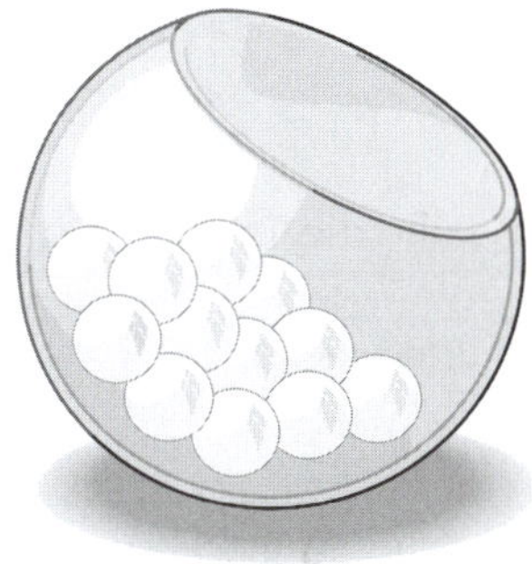

3 Fülle die Tabelle aus.

Bestimme die Wahrscheinlichkeit,	Bruch	Dezimalbruch	Prozent
a) mit einem Würfel eine Eins zu würfeln.			
b) mit einem 20-seitigen Würfel eine Drei zu würfeln.			
c) aus sieben Überraschungseiern die Spielfigur zu ziehen.			
d) dass deine Mathematiklehrerin an einem Dienstag geboren wurde.			
e)	$\frac{1}{2}$		

4 a) Die Wahrscheinlichkeit, einen Hauptgewinn zu erzielen, beträgt ____________.

b) Die Wahrscheinlichkeit, einen Trostpreis zu erzielen, ist ____________.

c) Die Wahrscheinlichkeit für eine Niete ist ____________.

d) Wenn Silvia das Rad 500-mal dreht, kann sie etwa ______-mal einen Hauptgewinn erwarten, etwa ______-mal einen Trostpreis und etwa ______-mal eine Niete.

5 Freddy zieht 50-mal blind eine der 20 Kugeln aus dem Behälter. Dabei legt er jede gezogene Kugel vor dem nächsten Zug in den Behälter zurück.
a) Die Wahrscheinlichkeit dafür, bei einem Zug eine blaue Kugel zu erwischen, beträgt ____________.

b) Bei 50 Ziehungen wird er etwa ________-mal eine blaue Kugel, ________-mal eine graue und ________-mal eine weiße Kugel ziehen.

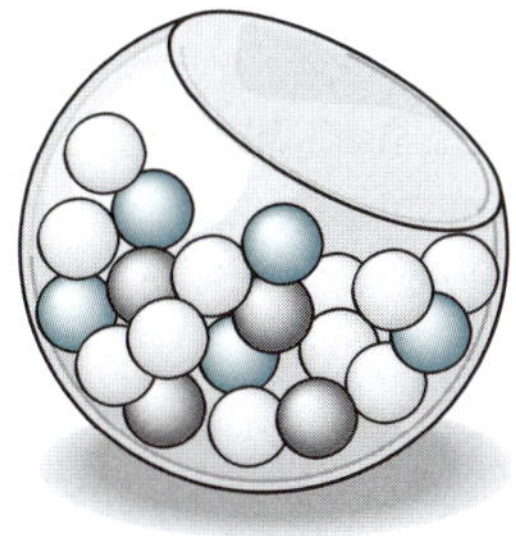

1 Entscheide, ob die absolute Häufigkeit (aH) oder die relative Häufigkeit (rH) angegeben ist.

a) Martin hat zweimal hintereinander eine Sechs gewürfelt. ____

b) Jede dritte Zahl ist durch drei teilbar. ____

c) Max hat an zwei von fünf Abenden Computer gespielt. ____

d) Nach sieben Versuchen hat Pia endlich den Basketballkorb getroffen. ____

e) Michael arbeitete montags jeweils drei Stunden im Garten. ____

f) Zwei Drittel der Schüler machen lieber Mathe- als Deutschhausaufgaben. ____

2 Markus und Britt testen einen Würfel, um zu überprüfen, ob er gezinkt ist.

2	3	4	5	1	6	1	6	3	1	4	2	2	5	6	1	1	2	1	3	6	4	6	1
1	3	4	1	2	2	2	3	1	4	5	2	3	1	1	5	4	6	4	3	5	5	1	2
3	4	3	1	5	4	1	1	3	5	5	1	3	5	4	6	6	1	1	4	6	6	1	1

a) Fülle die Tabelle aus.

Würfelaugen	⚀	⚁	⚂	⚃	⚄	⚅
Strichliste						
absolute Häufigkeit						
relative Häufigkeit						
in Prozent						

b) Welche der folgenden Verteilungen sind wahrscheinlich? Kreuze an.

Würfelaugen	⚀	⚁	⚂	⚃	⚄	⚅	Verteilung realistisch
Anzahl bei 10 000 Würfen	2235	1533	1556	1509	1606	1561	☐
Anzahl bei 100 000 Würfen	16 685	17 016	16 507	17 438	16 233	16 121	☐

3 Veronica behauptet: „Die Wahrscheinlichkeit, mit dem abgebildeten Würfel eine Sechs zu werfen, liegt bei $\frac{1}{8}$, ist also kleiner als bei einem normalen Würfel." Veronica probiert es aus und erhält die folgende Tabelle für die absoluten Häufigkeiten nach 20, 100, 450 Würfen.

a) Berechne die zugehörigen relativen Häufigkeiten auf zwei Nachkommastellen genau und trage sie in die rechte Tabelle ein.

b) Schätze nun die Wahrscheinlichkeiten (in Prozent) und trage die Werte in die Tabelle ein. Stimmt Veronicas Behauptung?

gewürfelte Zahl		1	2	3	4	5	6	7	8
Anzahl der Würfe	20	3	1	4	4	2	1	4	1
	100	15	7	11	16	13	16	14	8
	450	52	51	62	60	62	56	52	55

gewürfelte Zahl		1	2	3	4	5	6	7	8
Anzahl der Würfe	20								
	100								
	450								
Wahrscheinlichkeit									

Merkzettel Häufigkeiten und Wahrscheinlichkeiten

Fülle die Lücken. Löse dann die Beispielaufgaben.

Boxplot

Mithilfe eines Boxplots kann man verschiedene Werte grafisch darstellen:

- das untere, die beiden mittleren und das obere Viertel der Werte,
- den Zentralwert,
- die Spannweite als Differenz des größten und kleinsten Wertes.

■ Ordne die Begriffe der Grafik zu.

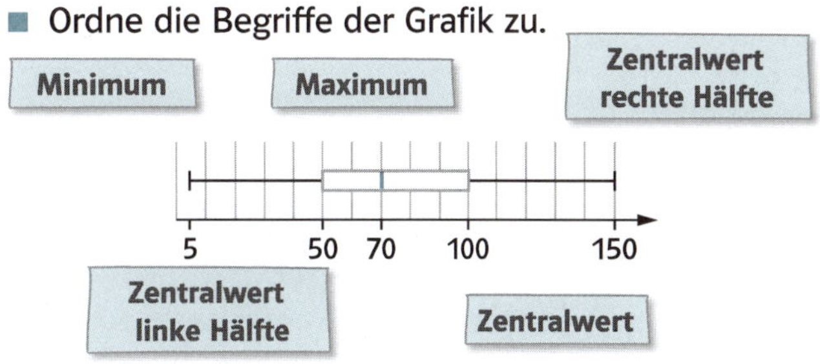

Wahrscheinlichkeiten – Entscheidungshilfen

Experimente oder Situationen, deren Ausgang (oder Ergebnis) allein vom ________ abhängig ist, nennt man Zufallsversuche. Beispiele solcher Zufallsversuche sind das Drehen eines Glücksrades, das Werfen eines Würfels oder das Werfen einer Reißzwecke.

Die ________ eines Ergebnisses ist der Anteil, den man für das Ergebnis bei einer großen Zahl von Versuchswiederholungen erwartet. Bei einigen Zufallsversuchen kann man die Wahrscheinlichkeiten der möglichen Ergebnisse alleine durch logische Überlegungen erschließen. Wahrscheinlichkeiten können helfen, sinnvolle ________ zu treffen.

■ Handelt es sich bei den Experimenten oder Situationen generell um Zufallsversuche? Kreuze an.

- Beim Roulette auf „Rot" setzen: ja ☐ nein ☐
- Ablesen eines Stromzählers: ja ☐ nein ☐
- Nachname eines Menschen: ja ☐ nein ☐
- Lotto spielen: ja ☐ nein ☐

■ Vervollständige die Begründung.

a) Beim Werfen einer Münze ist es egal, ob ich auf Kopf oder Zahl wette, weil ________

____

b) Bei einem Glücksrad mit den Zahlen 1 bis 9 würde ich nicht auf eine gerade Zahl wetten, weil

____

____

Mit der Wahrscheinlichkeit kann man die Häufigkeit von Ergebnissen bei langen Versuchsreihen vorhersagen, welchen ________ man für das Ergebnis erwartet. Zusammen ergeben die Wahrscheinlichkeiten ___ (= ___ %).

■ Wie groß ist die Wahrscheinlichkeit, mit einem Würfel eine gerade Zahl zu würfeln?

Wahrscheinlichkeit „gerade Zahl": ___ = ___ %

Bei 1500 Würfen wird etwa ___ -mal eine gerade Zahl vorkommen.

Wahrscheinlichkeit und relative Häufigkeit

Die relative Häufigkeit eines Ergebnisses wird durch $\frac{\text{Absolute Häufigkeit}}{\text{Anzahl der Versuche}}$ berechnet.

Bei häufigem Wiederholen eines ________ experimentes kann man die ermittelte relative Häufigkeit zum ________ der Wahrscheinlichkeiten nutzen.

Dies ist dann hilfreich, wenn die Wahrscheinlichkeiten durch logische Überlegungen nicht oder nur sehr schwer bestimmt werden können.

■ Mit diesem Quader wurde insgesamt 1000-mal geworfen. Es war 788-mal Blau oben zu sehen.

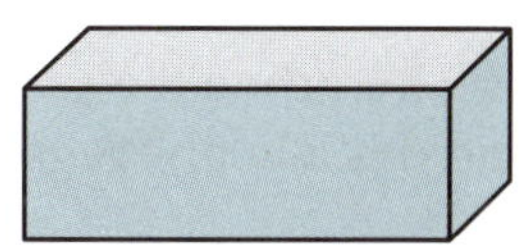

	Blau	Grau
Absolute Häufigkeit		
Relative Häufigkeit		
Geschätzte Wahrscheinlichkeit		

1 Jeweils zwei Kärtchen gehören zusammen. Finde sie. Lösung: A

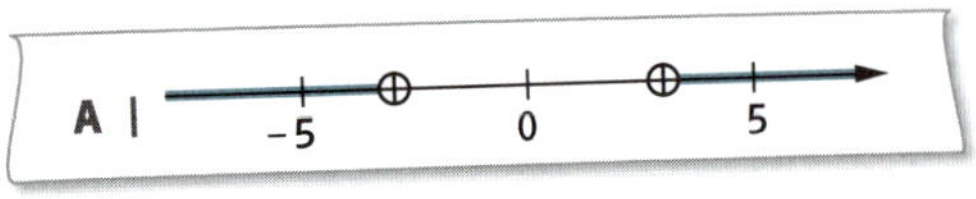

E | 1 < |z| < 3

D | |z| < 3

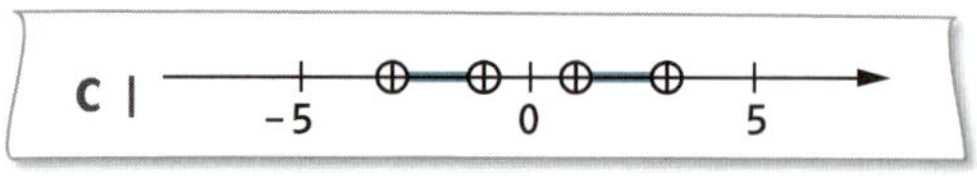

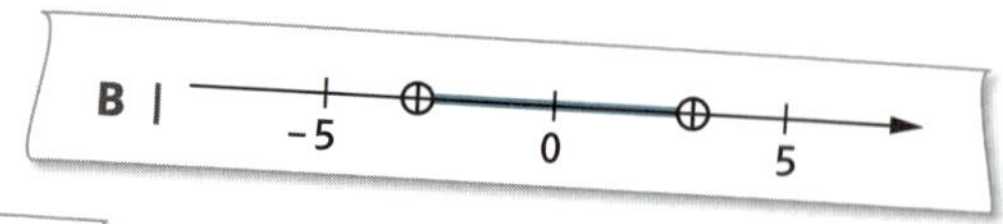

F | |z| > 3

2 Paul eröffnet am 1. Januar ein Sparbuch und zahlt 100 € ein, die ihm sein Onkel zu Weihnachten geschenkt hat. Für die nächsten vier Jahre garantiert die Bank einen Zinssatz von 3 %. Berechne, wie sich sein Guthaben entwickelt, wenn die Zinsen am Ende des Jahres gutgeschrieben werden.

Jahr	0	1	2	3	4
Guthaben	100 €				

3 Berechne jeweils die fehlende Größe.

a) Grundwert: 800 m², wird vermehrt um 6 %. Neuer Wert: ______ m²

b) Erhöhung um 5 %. Vor der Erhöhung liegt der Preis bei 500 €. Preis nach der Erhöhung: ______ €

c) Der Fernseher kostet 490 € und wird jetzt mit 10 % Rabatt angeboten. Er kostet damit ______ €.

d) Der Rabatt beträgt 5 %. Tobi spart damit 75 €. Alter Preis: ______ €, reduzierter Preis: ______ €

4 Berechne den Flächeninhalt der Dreiecke.

a) $a = 5\,cm$; $h_a = 3{,}5\,cm$ A = ______

b) $c = 11\,mm$; $h_c = 6{,}2\,mm$ A = ______

c) $b = 65\,cm$; $h_b = 2{,}3\,dm$ A = ______

d) $c = 105\,cm$; $h_c = 0{,}6\,m$ A = ______

5 Paul möchte den Körper (einen sogenannten Pyramidenstumpf) anmalen. Wie groß ist die entsprechende Fläche?

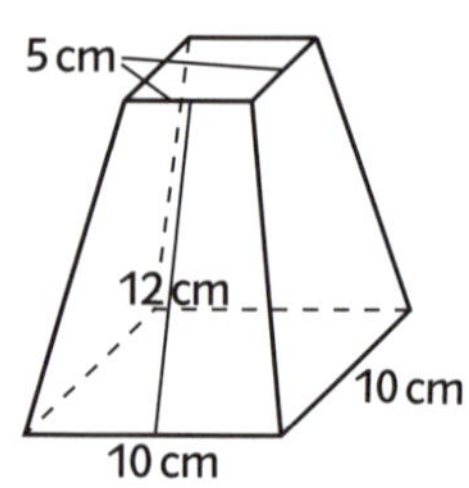

A = ______

6 Berechne die Länge des schwarzen Wegs und die des blauen Wegs von A nach B. Vergleiche.

Der schwarze Weg stellt einen ______ mit dem Radius r_1 = ______ dar. Seine Länge beträgt ______.

Der blaue Weg stellt zwei ______ mit dem gleichen Radius r_2 = ______ dar. Seine Länge beträgt ______. Der schwarze Weg ist also ______ der blaue.

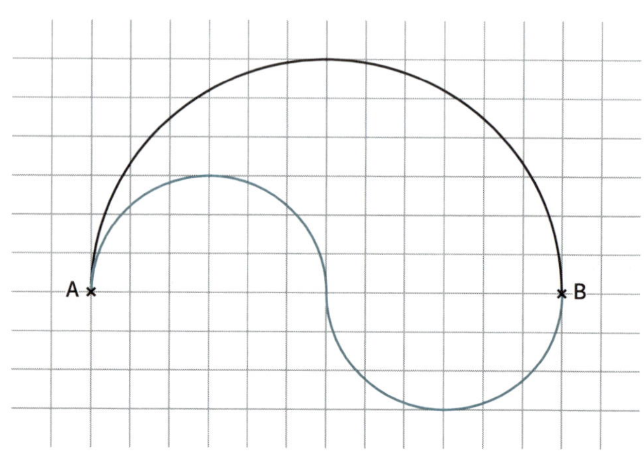

7 Vereinfache den Term.

a) $3x - x - 5 =$ ______

b) $-3{,}5 \cdot k + 0{,}5k + 4 \cdot k - 3{,}4k =$ ______

c) $-12y + 3y - 6 + 2y - \frac{1}{2}y =$ ______

d) $\frac{1}{2}n + 1{,}5 \cdot n - 3 \cdot n =$ ______

8 Multipliziere aus und fasse, wo möglich, zusammen.

a) $1{,}5 \cdot (6 - 5a) =$ ______

b) $-3 \cdot (0{,}4x - 0{,}2) =$ ______

c) $(-3n + 5) \cdot 21 =$ ______

d) $21 - 5 \cdot (b + 2) =$ ______

9 Stelle eine Gleichung auf und löse sie (schreibe die dazu nötigen Äquivalenzumformungen in dein Heft).

a) Wenn ich die Seite eines Quadrats um 4 cm verlängere, verdoppelt sich sein Umfang. Wie groß ist seine Seitenlänge?

Gleichung: neuer Umfang = 2 · alter Umfang; · (a +) = 2 · ( )

Lösung: ______

b) Verlängere ich die Seitenlänge eines Quadrats um 8 cm, so verdreifacht sich sein Umfang.

Gleichung: ______

Lösung: ______

10 Die Tabelle zeigt das Ergebnis einer Umfrage über das monatliche Taschengeld in einer siebten Klasse.

Taschengeld (in €)	10	12	13	14	16	18	20	22	24	40
Anzahl der Schüler/innen	1	2	1	2	4	7	3	2	1	1

a) Fülle die Lücken.

Minimum: ____ Maximum: ____ Zentralwert linke Hälfte: ____

Zentralwert: ____ Spannweite: ____ Zentralwert rechte Hälfte: ____

b) Zeichne den Boxplot.

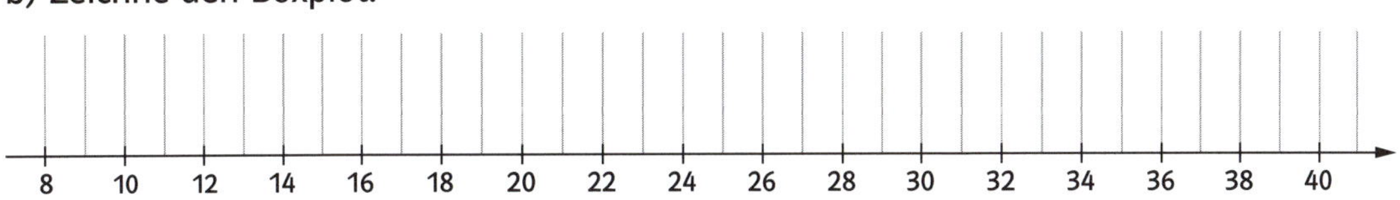

c) Nach Bekanntwerden der Umfrage kürzen die Eltern der Schülerin, die bislang 40 € bekam, das Taschengeld auf 25 €. Gib diejenigen Kennwerte aus Teilaufgabe a) an, die sich durch die Kürzung verändert haben.

______

11 Mit dem Holzzylinder wird gewürfelt. Die Seite, die nach oben zeigt, ist das Ergebnis. Insgesamt wird der Zylinder 100-mal geworfen. Fülle die Tabelle aus.

	Blau	Grau	Weiß
Häufigkeit	60	18	22
Relative Häufigkeit			
Geschätzte Wahrscheinlichkeit			

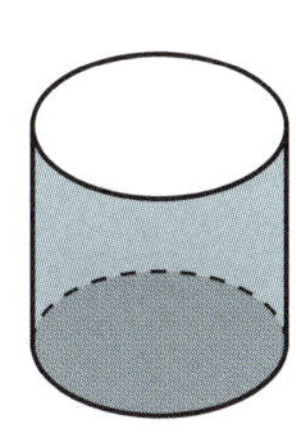

Besondere Dreiecke

1 Zeichne ein gleichschenkliges Dreieck.

a) Die Basis ist gegeben, die Schenkel sind 4 cm lang.

b) Die Basis ist vorgegeben, der Basiswinkel ist 45° groß.

c) Die Schenkel sind gegeben, der von ihnen eingeschlossene Winkel γ ist 80° groß.

2 a) Welche Vierecke lassen sich aus zwei gleich großen gleichschenkligen Dreiecken legen? Zeichne deine Ergebnisse auf.

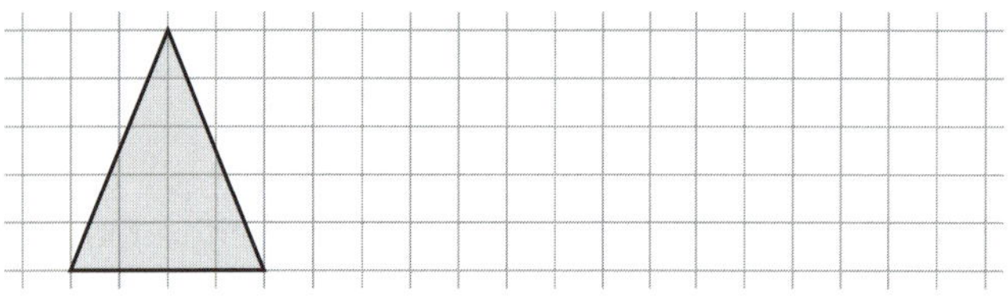

b) Welche Vierecke kannst du aus zwei gleich großen gleichseitigen Dreiecken legen?

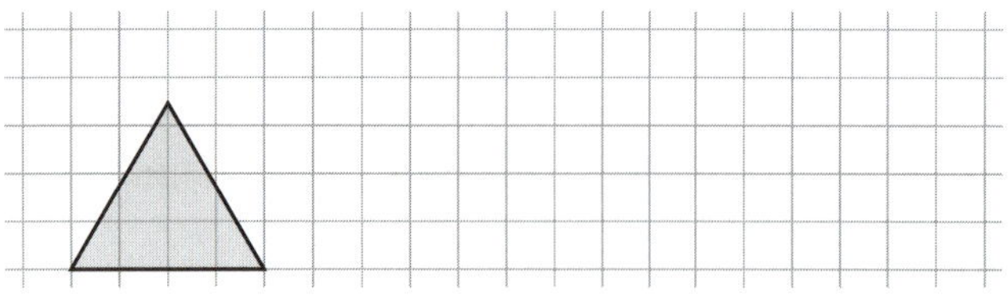

c) Schreibe die Namen der Vierecke zu den Abbildungen.

3 a) Zeichne drei gleichschenklige Dreiecke aus: $c = 6$ cm, den Basiswinkeln $\alpha_1 = 50°$, $\alpha_2 = 60°$ und $\alpha_3 = 70°$.

c

b) Fülle dann die Lücken: Je größer der

__________ , umso __________ die Schenkel.

4 a) Notiere alle gleichseitigen Dreiecke, die du in den Figuren A und B finden kannst.

Figur A: △ABC, __________

____

Figur B: __________

____

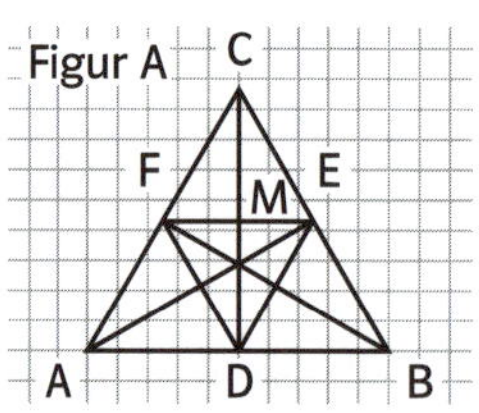

b) Welche gleichschenkligen Dreiecke kannst du zusätzlich finden?

Figur A: __________

____

Figur B: __________

____

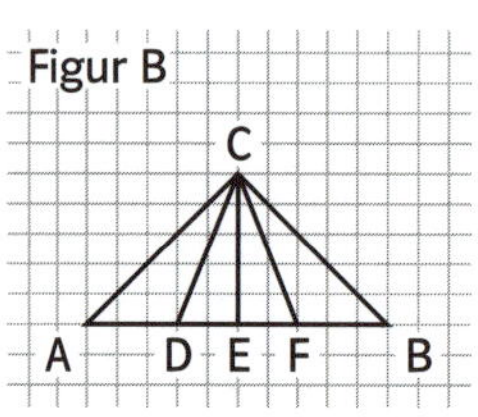

5 Die Fische Plitsch und Platsch treffen sich im Punkt A. Als ein Hai sie erschreckt, fliehen beide erfolgreich mit gleicher Geschwindigkeit entlang der Linien a und b. Nach einiger Zeit möchten sie sich wieder treffen, keiner der beiden will nun aber einen längeren Weg zurücklegen als der andere. Der Treffpunkt beider Fische liegt immer auf der

__________.

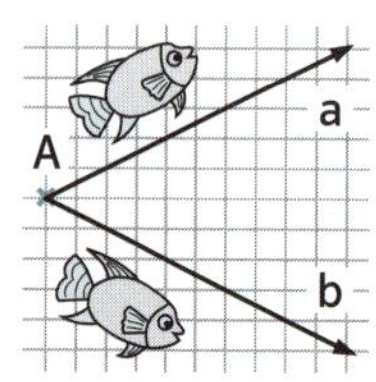

Zeichne die Linie in der Planskizze ein.

Winkel an Geradenkreuzungen

1 Kennzeichne die angegebenen Paare gleicher Winkel jeweils mit einer Farbe.

a) alle Scheitelwinkel

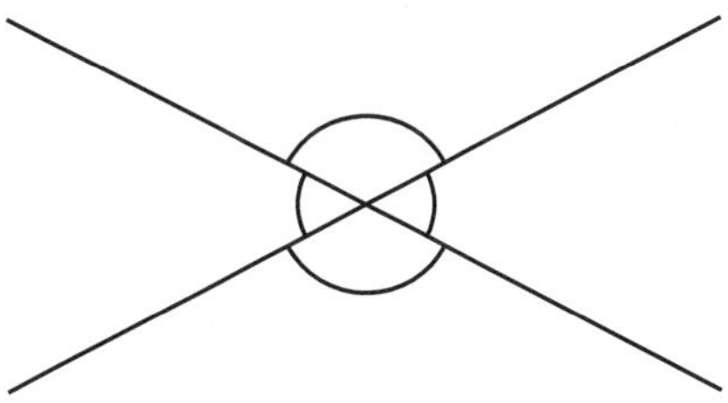

b) alle Stufenwinkel

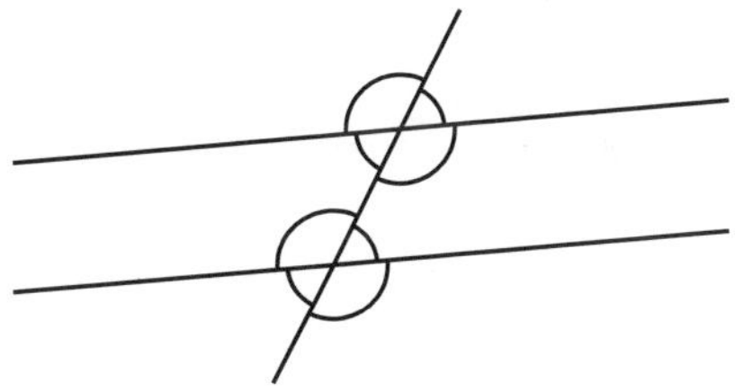

c) alle Wechselwinkel

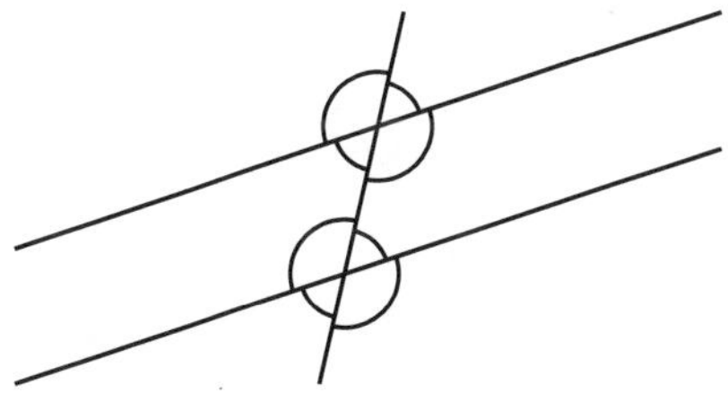

2 Die Geraden g und h sind parallel. Wie groß sind die Winkel α und β? Welche Winkelsätze hast du angewendet? (Schreibe **NW** für Nebenwinkel, **SchW** für Scheitelwinkel, **StW** für Stufenwinkel und **WW** für Wechselwinkel.)

> Scheitelwinkel sind gleich groß.

a)

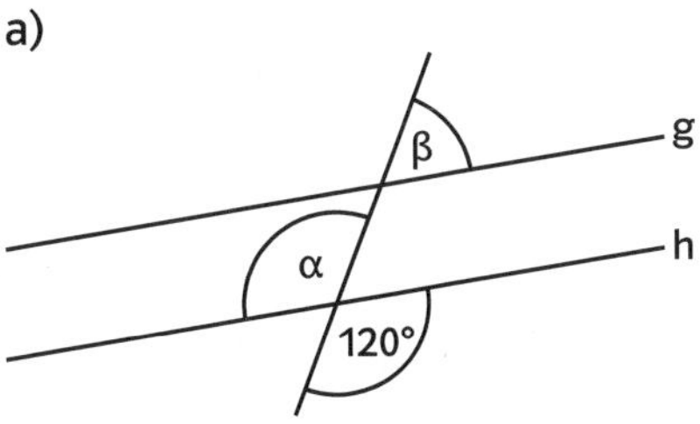

α = ________ als ________

β = ________ als ________

b)

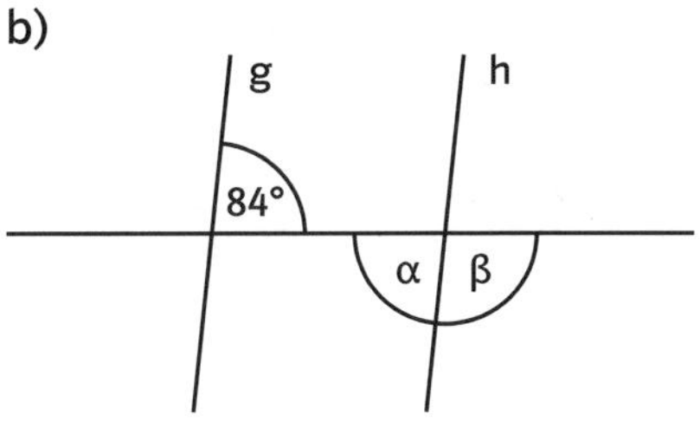

α = ________ als ________

β = ________ als ________

c)

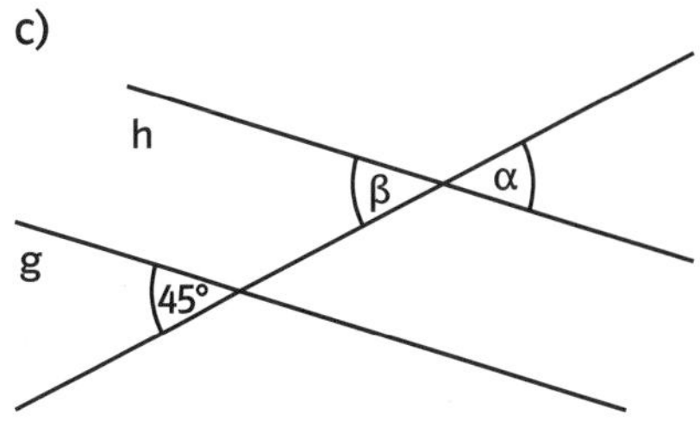

α = ________ als ________

β = ________ als ________

3 Bestimme für die Zeichnungen die Winkel α_1 bis α_8. Trage die Werte in die Tabelle ein und berechne jeweils die Lösungswinkel. Die zugehörigen Lösungsbuchstaben erhältst du so:
Lösungswinkel 13° bedeutet: der 13. Buchstabe im Alphabet: M

> Nebenwinkel ergeben zusammen 180°.
>
> 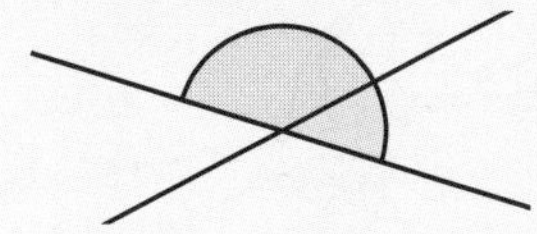

Rechnung	Lösungs-∢	Buchstabe
$(\alpha_1 - 7°) : 5 = (72° - 7°) : 5$	13°	M
$\alpha_2 : 12 - 8° =$		
$(\alpha_3 - 12°) : 3 =$		
$(\alpha_4 - 33°) : 10 =$		
$(\alpha_5 - 4°) : 21 =$		
$\alpha_6 : 2 - 20° =$		
$(\alpha_7 - 10°) : 3 =$		
$(\alpha_8 + 24°) : 5 =$		

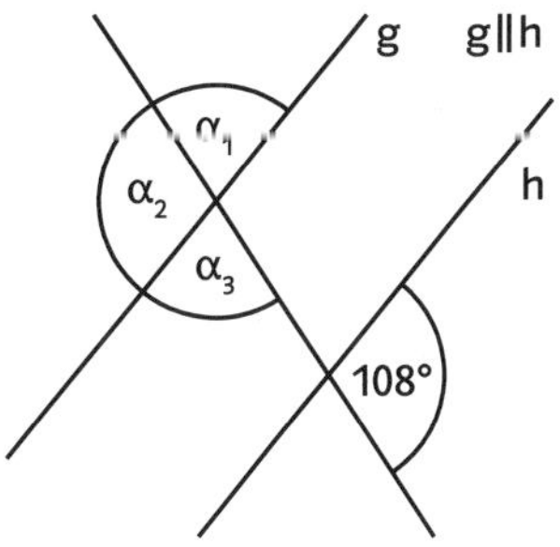

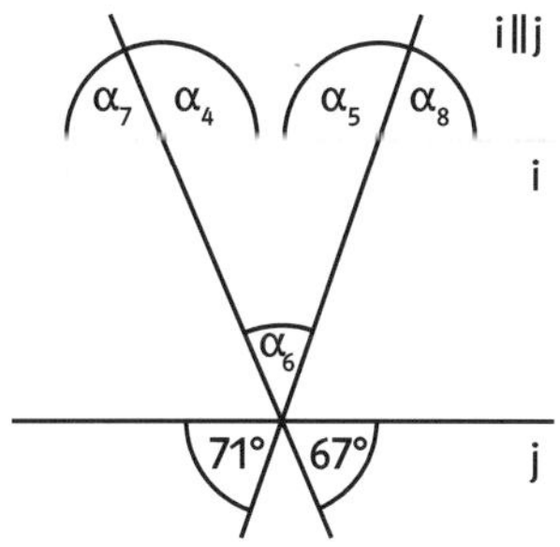

4 Sind die Geraden g und h parallel? Berechne die anderen Winkel, die du auf dem Blatt erkennst.
Trage die Winkel und ihre Größen ein.

a) g ______ h

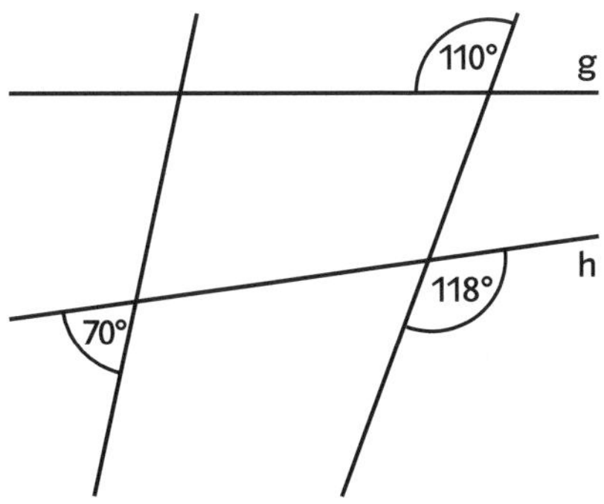

b) g ______ h

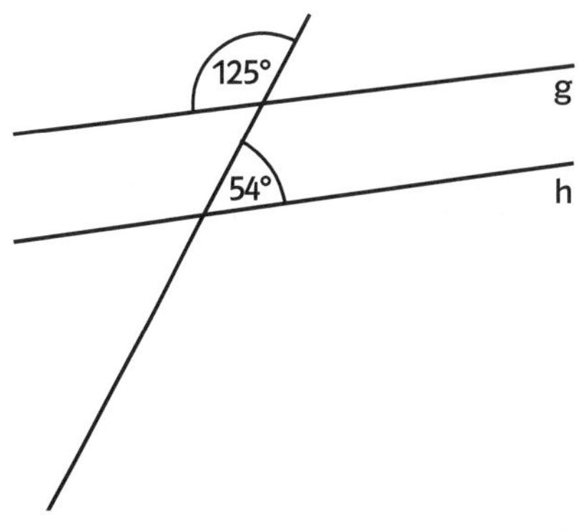

1 Berechne alle fehlenden Winkel und trage sie ein.

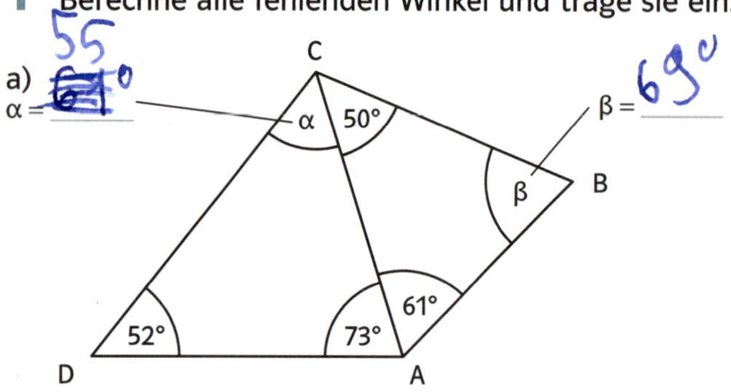

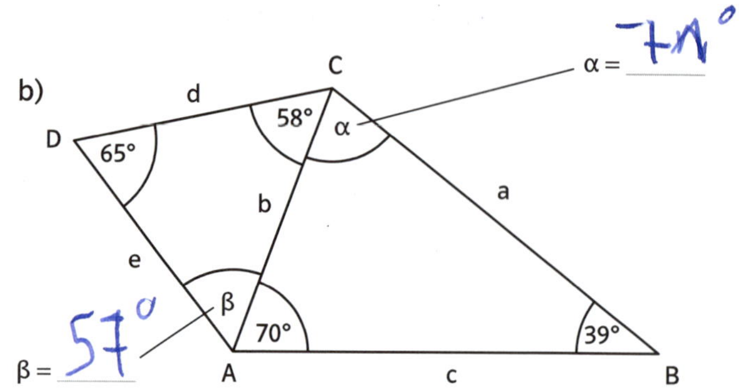

2 Berechne, falls möglich, die fehlenden Winkel im Dreieck.

	α	β	γ
a)	59°	86°	35°
b)	145°	55°	/
c)	14°	26°	140°
d)	56°	90°	34°
e)	60°	45°	75°
f)	30°	45°	105°

3 Im Dreieck ist ein Winkel von 87° vorgegeben. Schreibe fünf Möglichkeiten für die beiden fehlenden Winkel auf.

a)	3°	90°
b)	13°	80°
c)	23°	70°
d)	33°	60°
e)	43°	50°

4 Berechne alle Winkel; w ist die Winkelhalbierende des rechten Winkels. Schreibe die Größe der gekennzeichneten Winkel in die Zeichnung.

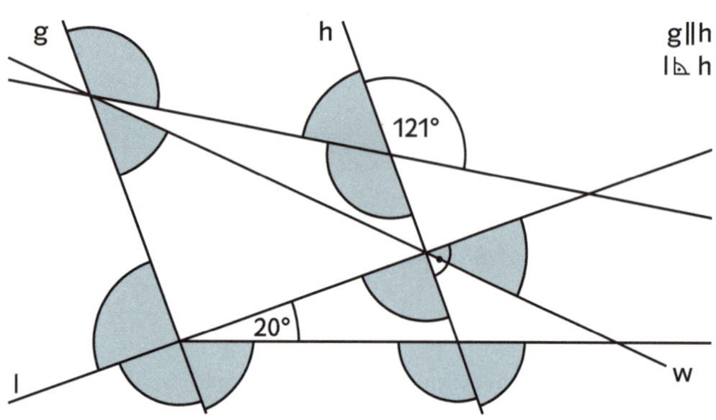

5 Berechne alle fehlenden Winkel und trage sie in die Tabelle ein.

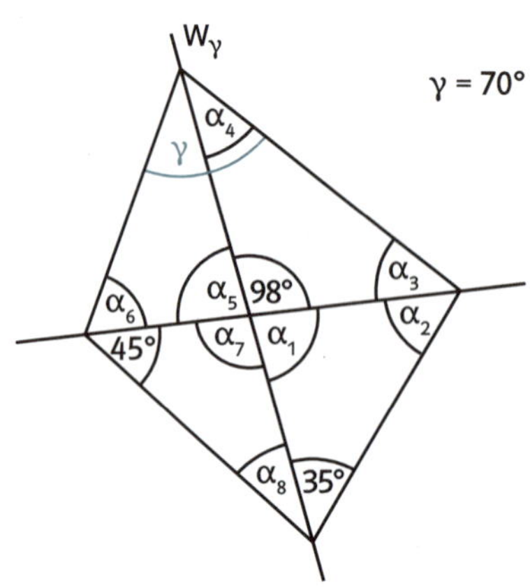

$α_1$	
$α_2$	
$α_3$	
$α_4$	
$α_5$	
$α_6$	
$α_7$	
$α_8$	

6 Berechne auch hier alle fehlenden Winkel und trage sie in die Tabelle ein. g und h sind parallel.

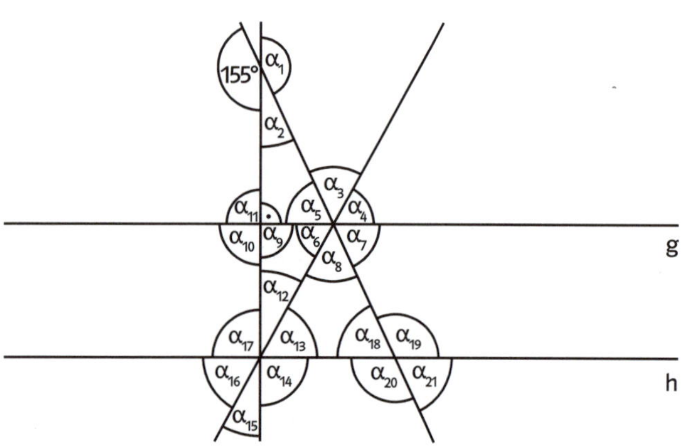

$α_1$		$α_8$		$α_{15}$	
$α_2$		$α_9$		$α_{16}$	
$α_3$		$α_{10}$		$α_{17}$	
$α_4$	60°	$α_{11}$		$α_{18}$	
$α_5$		$α_{12}$		$α_{19}$	
$α_6$		$α_{13}$		$α_{20}$	
$α_7$		$α_{14}$		$α_{21}$	

1 Trage die fehlenden Winkelgrößen ein. Diese besonderen Vierecke besitzen Namen. Notiere sie.

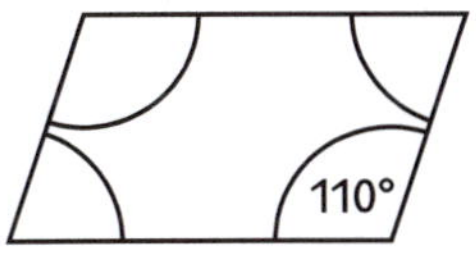

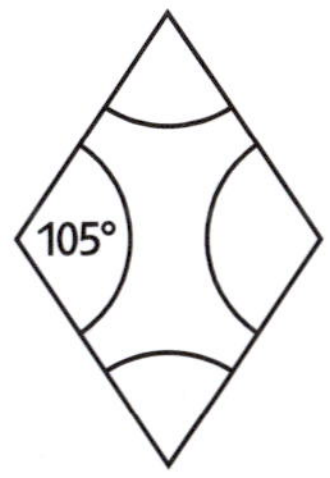

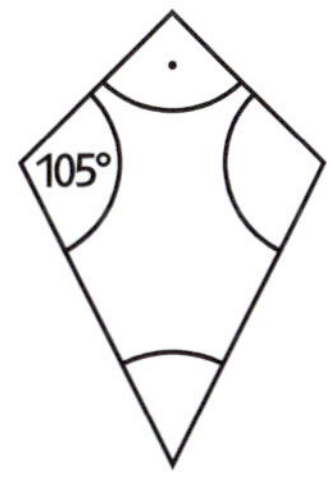

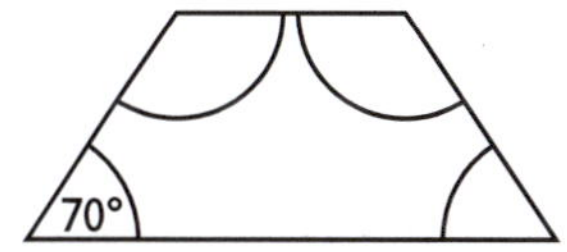

________________ ________________ ________________ ________________

2 Die Winkelsumme im Viereck beträgt ________°.

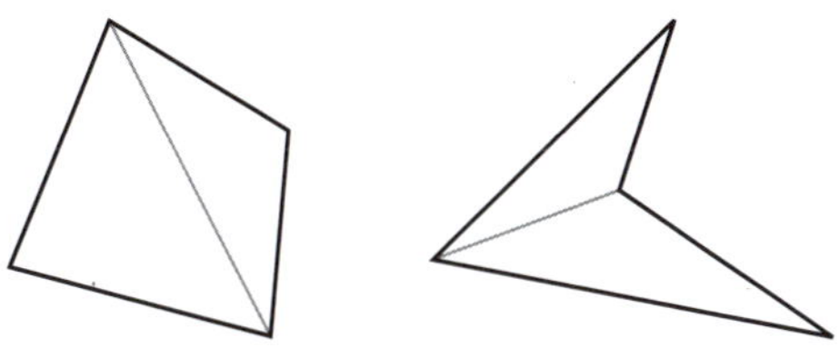

Trage den fehlenden Winkel in die Tabelle ein.

4-Eck	α	β	γ	δ
a)	60°	95°	125°	
b)	63°	55°		145°
c)	25,5°	87,3°	140°	

3 Die Winkelsumme im Fünfeck beträgt ________°.

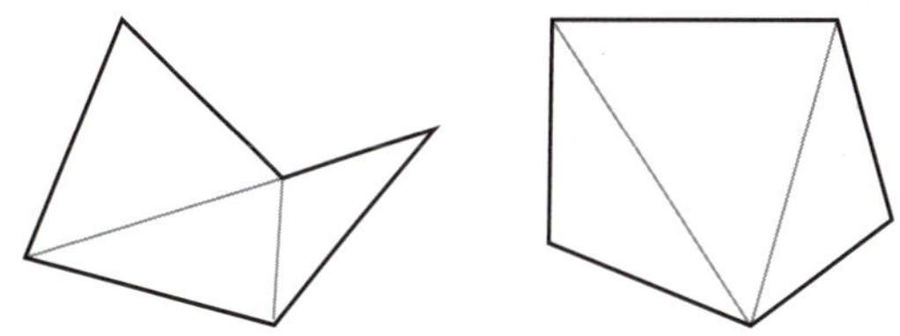

Trage auch hier die fehlenden Winkel ein.

5-Eck	α	β	γ	δ	ε
a)		90°	34°	145,2°	212,3°
b)	90°	90°	115°		122,3°
c)	98,8°		73,2°	45°	245°

4 Bestimme die fehlenden Winkelgrößen.

a)

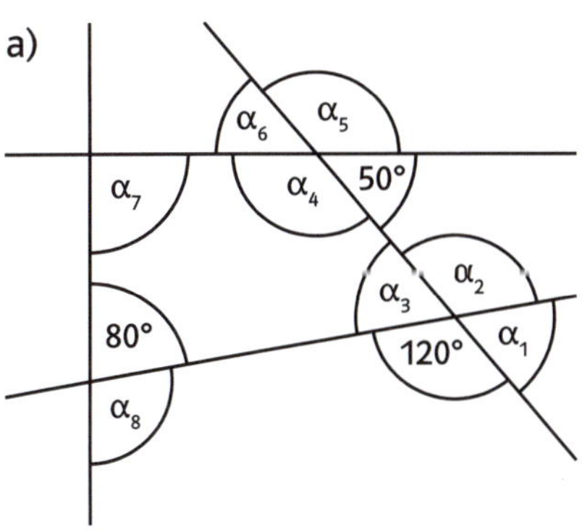

α_1	α_2	α_3	α_4	α_5	α_6	α_7	α_8
60°							

b)

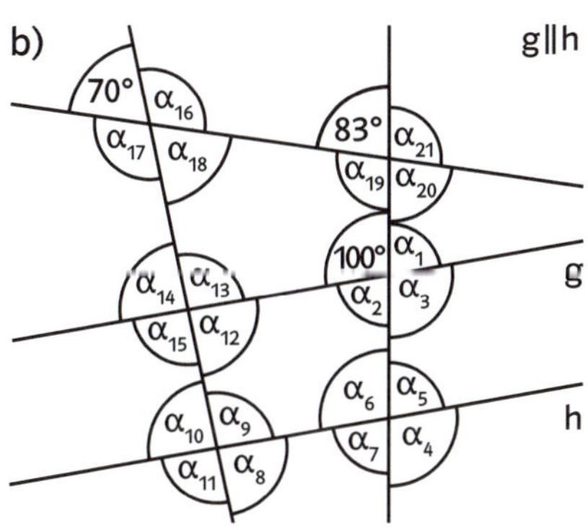

α_1	α_2	α_3	α_4	α_5	α_6	α_7	α_8	α_9	α_{10}	α_{11}

α_{12}	α_{13}	α_{14}	α_{15}	α_{16}	α_{17}	α_{18}	α_{19}	α_{20}	α_{21}

c)

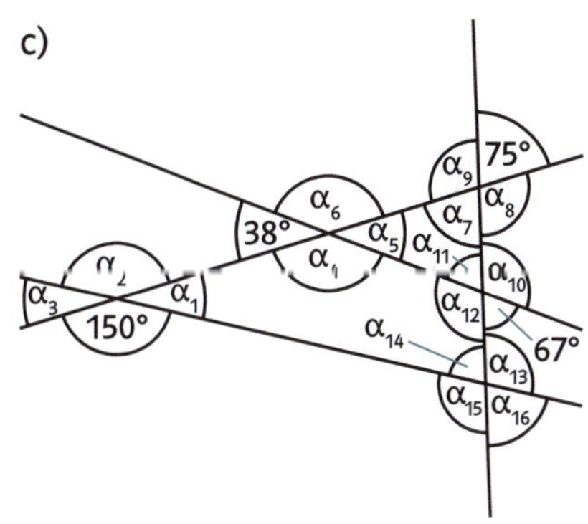

α_1	α_2	α_3	α_4	α_5	α_6	α_7	α_8

α_9	α_{10}	α_{11}	α_{12}	α_{13}	α_{14}	α_{15}	α_{16}

5 a) Wie viele Ecken besitzt ein Vieleck mit einer Winkelsumme von 720°? ________________

b) Wie groß wird die Winkelsumme, wenn zwei Ecken hinzukommen? ________________

c) Gibt es ein Vieleck mit der Winkelsumme 39 960°? Begründe. ________________

____

1 Siegfried hat zur Übung Konstruktionsbeschreibungen zum Thema Mittelsenkrechte (M) und Winkelhalbierende (W) auf Kärtchen geschrieben und gemischt hingelegt. Ordne die Beschreibungen dem Thema („M" oder „W") zu. Nummeriere sie abschließend.

- ( ) Gegeben sind zwei Punkte: A und B.
- ( ) Ich verbinde die beiden Schnittpunkte S_1 und S_2 der Bögen.
- ( ) Gegeben sind zwei Geraden g_1 und g_2 mit einem gemeinsamen Schnittpunkt Z.
- ( ) Ich zeichne die Strecke $\overline{AB}$.
- ( ) Ich zeichne einen Kreisbogen um P_1 und, mit dem gleichen Radius, einen Kreisbogen um P_2.
- ( ) Ich zeichne einen Kreisbogen um A (Radius > $\frac{1}{2}\overline{AB}$). Mit dem gleichen Radius zeichne ich einen Kreisbogen um B.
- ( ) Ich verbinde den Schnittpunkt der Kreisbögen mit Z.
- (W 5) Ich erhalte die Winkelhalbierende. Auf ihr liegen alle Punkte, die zu den Geraden die gleiche Entfernung haben.
- (M 5) Ich erhalte die Mittelsenkrechte. Auf ihr liegen alle Punkte, die von A und B gleich weit entfernt sind.
- ( ) Ich zeichne einen Kreisbogen um Z. Dieser schneidet die Geraden in P_1 und P_2.

Mittelsenkrechte

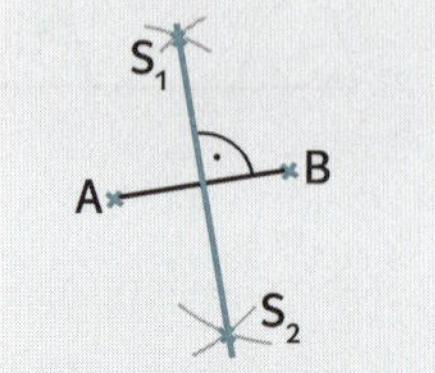

Winkelhalbierende

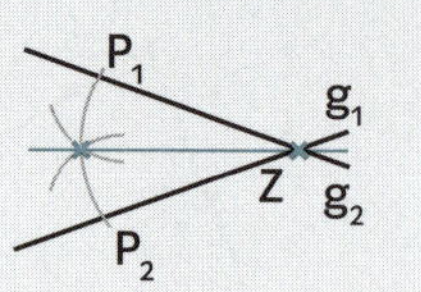

2 Bei der Benutzung der Handys in Neustadt und Altenburg gibt es immer öfter Probleme. Deshalb möchte die Betreibergesellschaft FreeHand einen neuen Sendemast aufstellen. Er soll natürlich von beiden Stadtzentren gleich weit entfernt sein und außerhalb des militärischen Sperrbezirks liegen. Zeichne mögliche Standorte ein.

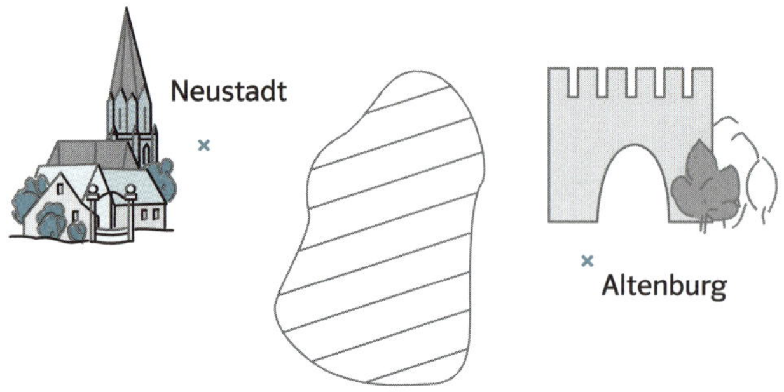

3 Zeichne vier Punkte A(1 | 3), B(4 | 0), C(6 | 2) und D(8 | 5). Konstruiere die Mittelsenkrechte zu $\overline{AB}$ und $\overline{CD}$. Wo liegt der Schnittpunkt der Mittelsenkrechten?

S(____ | ____)

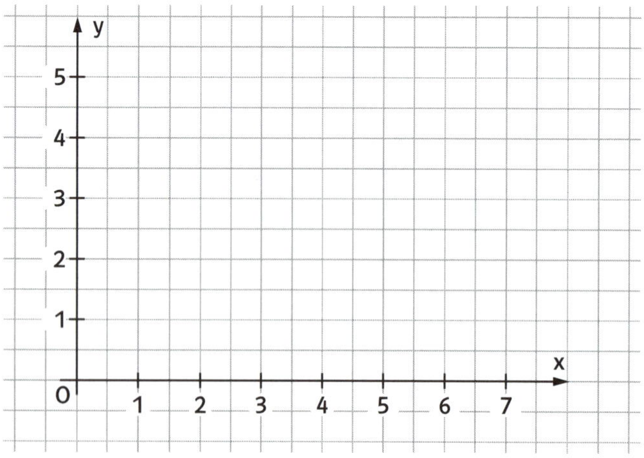

4 Zeichne im Koordinatensystem die Strecken $\overline{AB}$ und $\overline{BC}$. Die Koordinaten der Punkte sind: A(1 | 2), B(7 | 1) und C(6,5 | 4).

a) Gesucht sind die Punkte P_1 und P_2, die von $\overline{AB}$ und $\overline{BC}$ gleich weit entfernat sind. Außerdem soll die Entfernung zu C 2,5 Einheiten betragen. Wie lauten die Koordinaten der Punkte? P_1(____ | ____) P_2(____ | ____)

b) Gibt es einen Punkt, der von der Strecke $\overline{BC}$ 2 Längeneinheiten und vom Punkt A 1,5 Längeneinheiten entfernt ist?

____

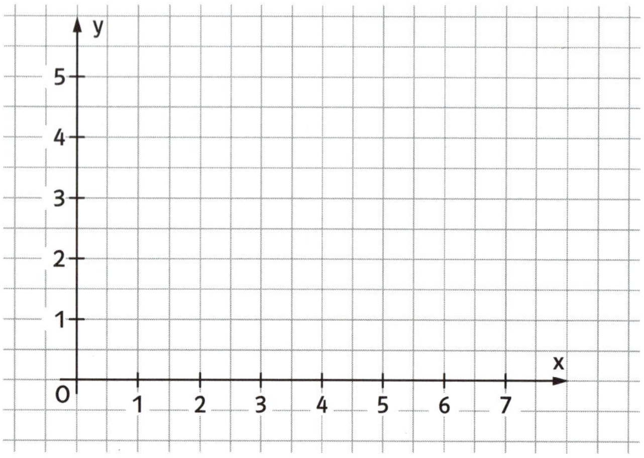

1 a) Zeichne alle Mittelsenkrechten ein.

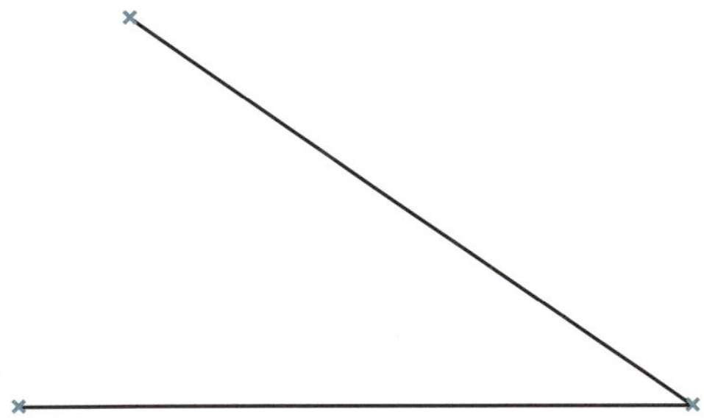

b) Zeichne alle Winkelhalbierenden ein.

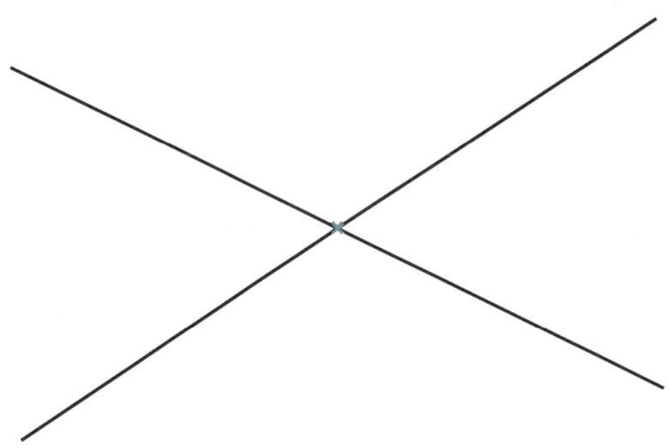

3 a) Markiere auf dem Kreisrand fünf beliebige Punkte und verbinde sie zu einem Fünfeck. Errichte nun auf den fünf Seiten jeweils die Mittelsenkrechte.

Dir ist sicher etwas aufgefallen: Alle Mittelsenkrechten schneiden sich in einem Punkt, nämlich dem

__________________ des __________________.

b) Ob dies nur bei Vielecken so ist, deren Punkte auf einem Kreis liegen, kannst du herausfinden, indem du andere Vielecke in dein Heft zeichnest und die Mittelsenkrechten konstruierst. Bei anderen Vielecken ergibt sich ____________ gemeinsamer Schnittpunkt.

2 Gesucht ist der Punkt, der von der Strecke $\overline{AB}$ und der Strecke $\overline{BC}$ den gleichen Abstand hat sowie von den Punkten A und C gleich weit entfernt ist. Bestimme den gesuchten Punkt zeichnerisch.

4 Zeichne die Winkelhalbierende zu dem Winkel ABC ein. Zeichne zu der Strecke $\overline{AC}$ die beiden möglichen Parallelen im Abstand von 4 cm. Markiere die Schnittpunkte der Parallelen mit der Winkelhalbierenden.

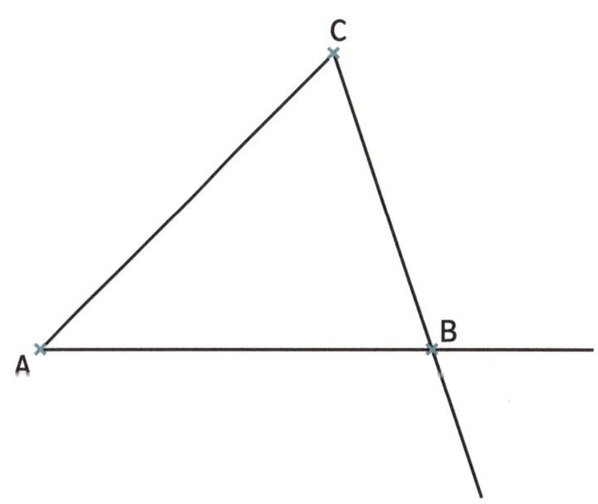

Welche Eigenschaften haben diese beiden Punkte? Kreuze an.

☐ Die Punkte sind gleich weit von den Punkten A und C entfernt und haben zur Strecke $\overline{AC}$ eine Entfernung von 4 cm.

☐ Die Punkte sind 4 cm von der Strecke $\overline{AC}$ entfernt und haben zu den Geraden $\overline{AB}$ und $\overline{BC}$ jeweils den gleichen Abstand.

☐ Die Punkte haben zu den Geraden $\overline{AB}$ und $\overline{BC}$ jeweils den gleichen Abstand und sind 8 cm voneinander entfernt.

1 a) Konstruiere den Umkreis des Dreiecks.

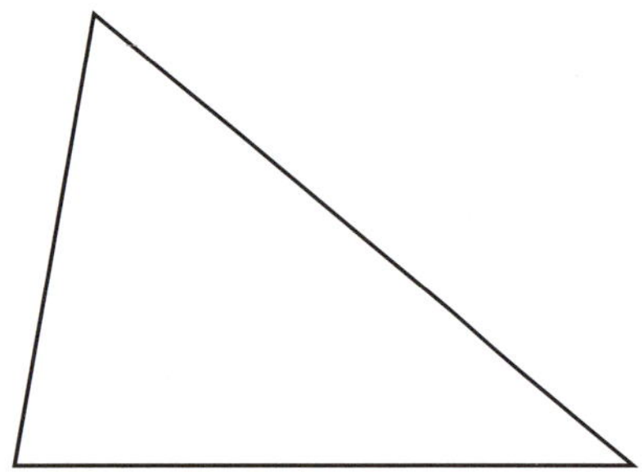

b) Konstruiere den Inkreis des Dreiecks.

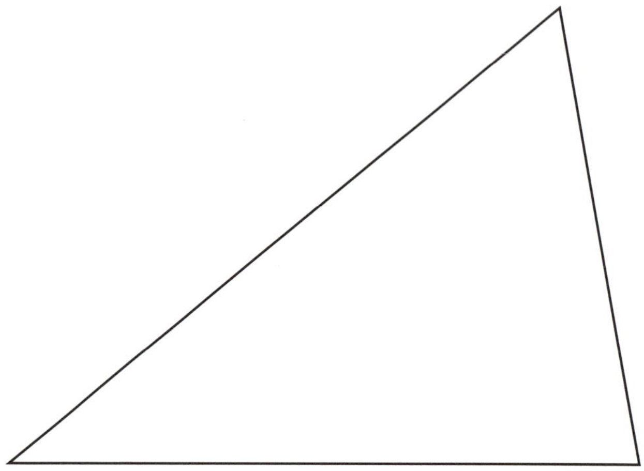

2 Zeichne in diese Armbanduhr den Minutenzeiger in der maximal möglichen Länge auf 12 Uhr ein.

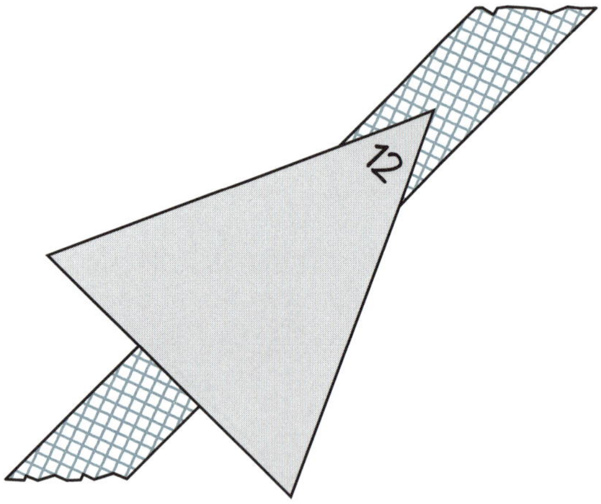

3 Konstruiere einen Kreis um den Menschen, der mindestens eine Fingerspitze der beiden Hände und eine Fußsohle berührt.

4 Zeichne das Dreieck mit A(2 | 1); B(6 | 1) und C(7 | 4). Konstruiere den Umkreis. Wo liegt der Mittelpunkt?

Der Kreismittelpunkt M liegt bei M(______ | ______).

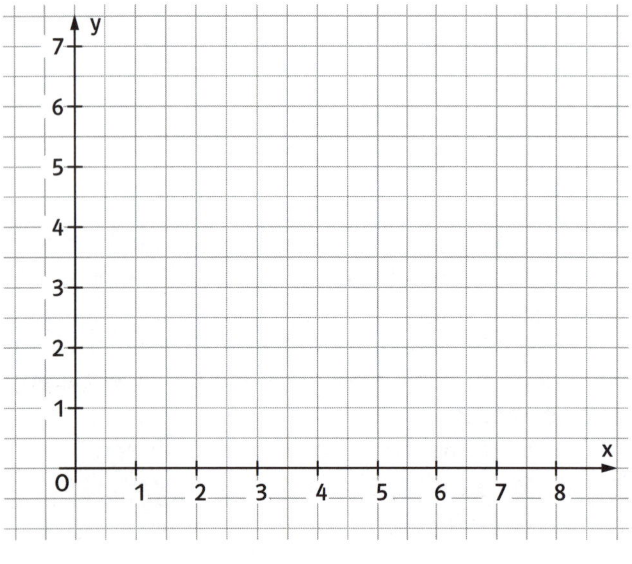

5 Ein dreieckiger Sandkasten soll vollständig mit einem Schirm überspannt werden. Welchen Durchmesser müsste der Schirm mindestens haben?

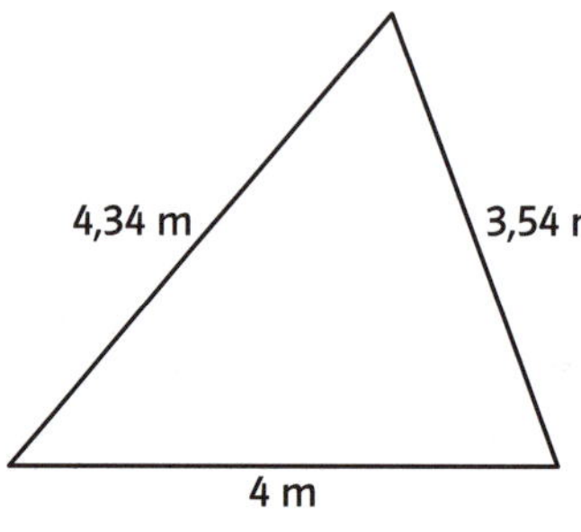

Der Durchmesser muss ________ m betragen.

Höhen und Seitenhalbierende im Dreieck

1 Jens hat zwei Konstruktionen als Übung auf Karten geschrieben. Ordne sie dem Thema Seitenhalbierende (S) bzw. Höhen (H) zu und nummeriere sie.

- ______ Gesucht ist das Dreieck ABC mit a = 5 cm, c = 6 cm und h_c = 4 cm.
- ______ Konstruiere das Dreieck ABC mit a = 4,5 cm, b = 6 cm und s_b = 5,5 cm.
- H 5: Die Schnittpunkte des Kreisbogens mit der Geraden g sind die gesuchten Punkte C und C′ der beiden möglichen Dreiecke. Ich zeichne die Dreiecke ABC und ABC′.
- ______ Die Schnittpunkte der beiden Kreisbögen sind die möglichen Mittelpunkte der Strecke $\overline{AC}$ bzw. $\overline{A'C}$ mit der Länge b.
- ______ Ich zeichne einen Kreisbogen um den Punkt B mit dem Radius a = 5 cm.
- ______ Ich zeichne die Strecke $\overline{AB}$ mit der Länge c.
- ______ Ich zeichne einen Kreisbogen um C mit dem Radius $\frac{1}{2}$b und einen Kreisbogen um B mit dem Radius s_b.
- S 5: Auf der Halbgeraden CS bzw. CS′ trage ich die Strecke $\overline{AC}$ bzw. $\overline{A'C}$ mit der Länge b ab. Ich zeichne die Dreiecke ABC und A′BC.
- ______ Ich zeichne zur Strecke c im Abstand von 4 cm eine parallele Gerade g.
- ______ Ich zeichne die Strecke $\overline{BC}$ mit der Länge a.

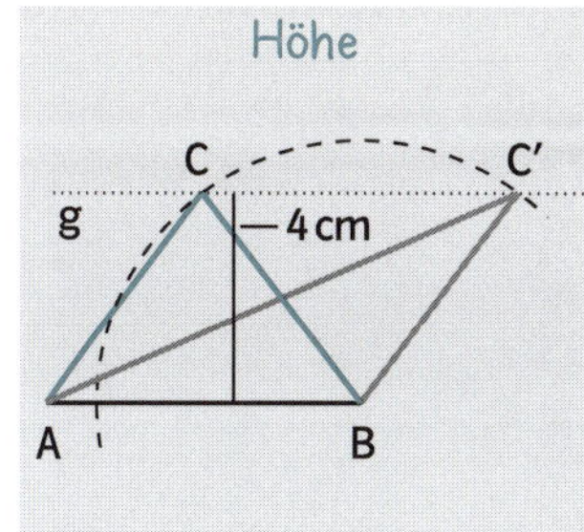

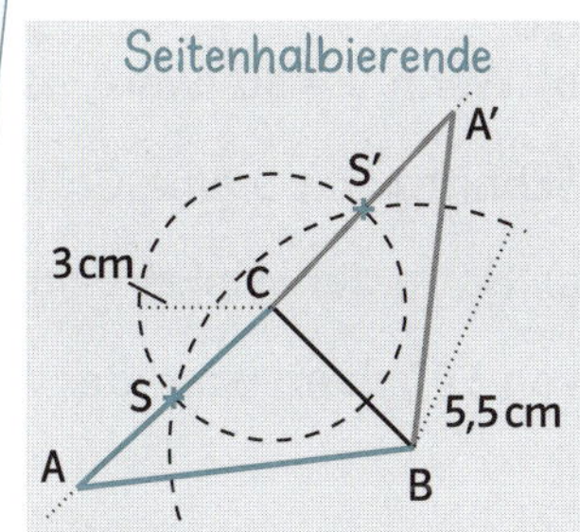

2 a) Zeichne das Dreieck ABC mit den Koordinaten A(0,5 | 0,5), B(6 | 3) und C(2,5 | 4) in das Koordinatensystem. Konstruiere die Höhe h_c und miss ihre Länge. Bestimme außerdem näherungsweise den Flächeninhalt des Dreiecks ABC.

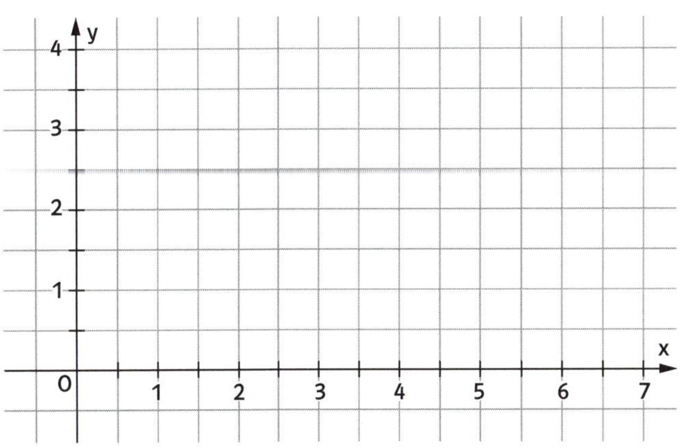

Länge von h_c (näherungsweise): ____________

Flächeninhalt Dreieck: ____________

b) Konstruiere den Schwerpunkt des Dreiecks und gib seine Koordinaten näherungsweise an.

S(________ | ________)

3 a) Von einem Dreieck ABC sind A(1 | 1) und C(1 | 5) bekannt. Außerdem gilt: $h_b = s_b$ = 5 cm. Konstruiere das Dreieck und gib die Koordinaten des fehlenden Punktes B an. [T1]

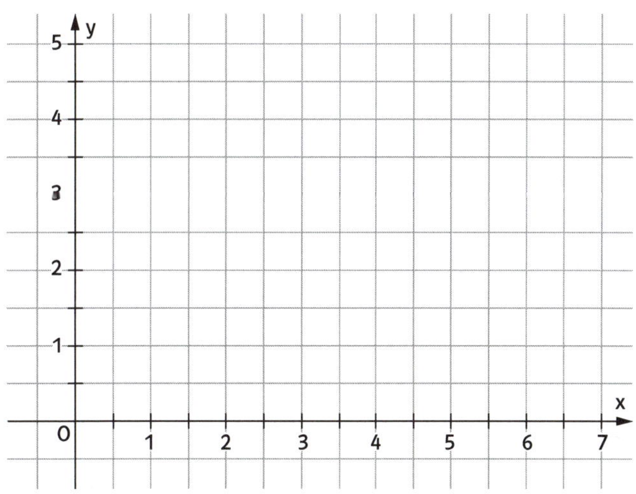

B hat die Koordinaten (______ | ______).

b) Das Dreieck ABC ist ein besonderes Dreieck, es ist

ein ____________________ Dreieck.

[T1] Zeichne zunächst die beiden Punkte A und C ein. Da $h_b = s_b$ = 5 cm ist, muss der Punkt B auf einer Parallelen zur Seite b im Abstand von 5 cm liegen. Zeichne diese Parallele ein und nutze für den letzten noch fehlenden Konstruktionsschritt aus, dass s_b = 5 cm gilt.

1 a) Konstruiere die Tangente durch den Punkt A und durch den Punkt B. Benenne den Schnittpunkt der beiden Tangenten mit S.
b) Erkläre, warum das Viereck ASBM ein Quadrat sein muss.

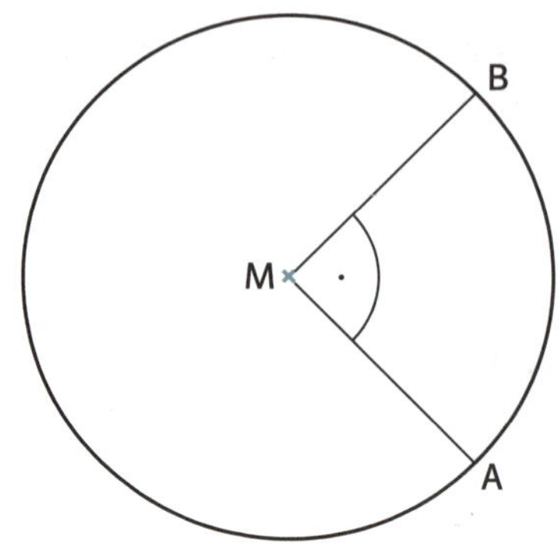

2 a) Zeichne mit dem Geodreieck die beiden Tangenten durch den Punkt A und durch den Punkt B. Welche beiden Winkelgrößen bilden sich beim Schnittpunkt S der beiden Tangenten, wenn $\gamma = 120°$ ist?
b) Wenn $\gamma = 80°$ wäre, dann hätte der Winkel beim Schnittpunkt S eine Größe von ________°.
c) Hätte der Winkel beim Schnittpunkt S eine Größe von 50°, dann wäre der Winkel γ ________° groß.

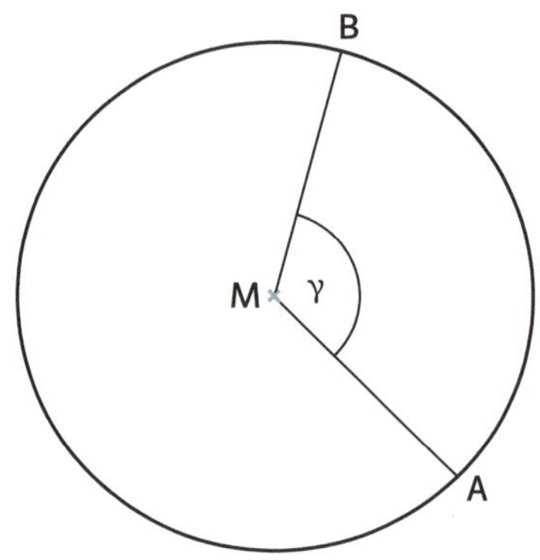

3 Bitte das Richtige ankreuzen und Lücken ausfüllen.

a) Zeichnet man an einen Kreis zwei beliebige Tangenten, so entsteht ☐ oftmals ☐ immer ein aus den Eckpunkten ASBM bestehendes Viereck (siehe oben). Dieses Viereck ist dann immer ein ______________.

b) Zwei Tangenten schneiden sich ☐ mindestens ☐ genau ☐ höchstens einmal.

c) Zu einer Sekante gibt es an demselben Kreis genau ☐ zwei ☐ eine ☐ keine parallele Tangente.

d) Zu einer Sekante gibt es zu demselben Kreis ☐ mehrere ☐ eine ☐ keine parallele Passante.

e) Zu einer Tangente gibt es an demselben Kreis ☐ mehrere ☐ eine ☐ keine parallele Tangente.

f) Die Mittelsenkrechte zu zwei Kreispunkten geht immer durch den ______________.

4 Konstruiere zur Geraden g drei Kreise so, dass die Gerade Tangente eines Kreises, Sekante zum zweiten und beim dritten Passante ist.

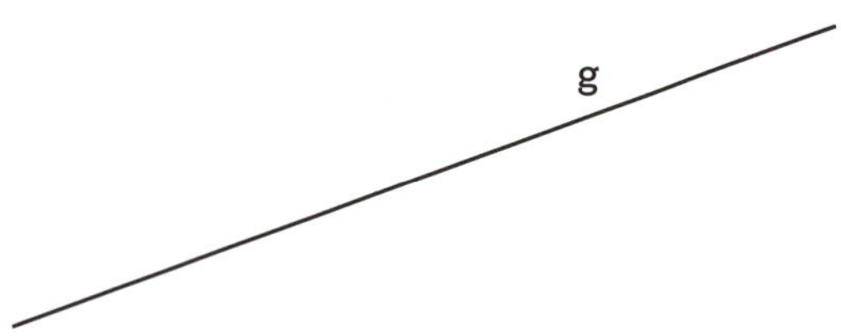

5 Gegeben sind die beiden Tangenten d und t (d || t) des Kreises k. Konstruiere einen möglichen Kreismittelpunkt M von k und zeichne dann den Kreis k.

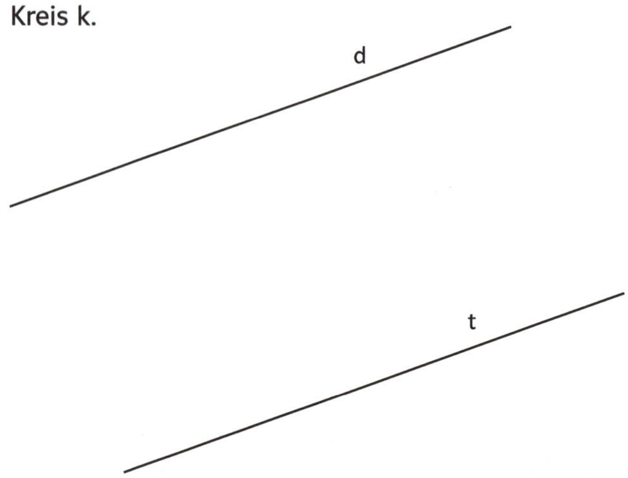

1 a) Welches Dreieck hat einen rechten Winkel? Entscheide ohne zu messen, zeichnen ist erlaubt.

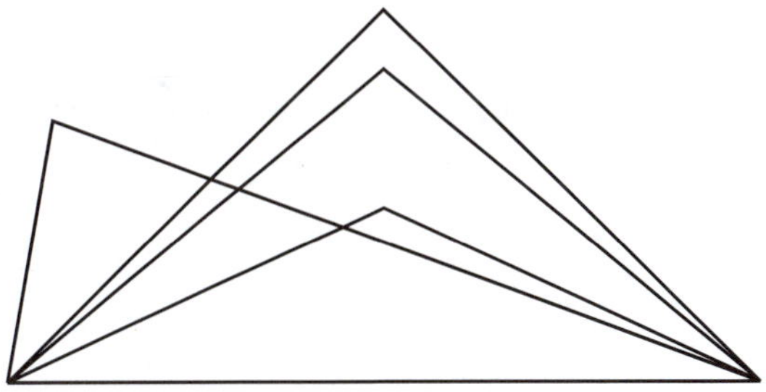

Ich habe hierfür
☐ den Satz des Thales
☐ die Umkehrung des Satzes des Thales
benötigt.

b) Begründe ohne zu zeichnen, welcher Punkt auf dem Thaleskreis liegt.

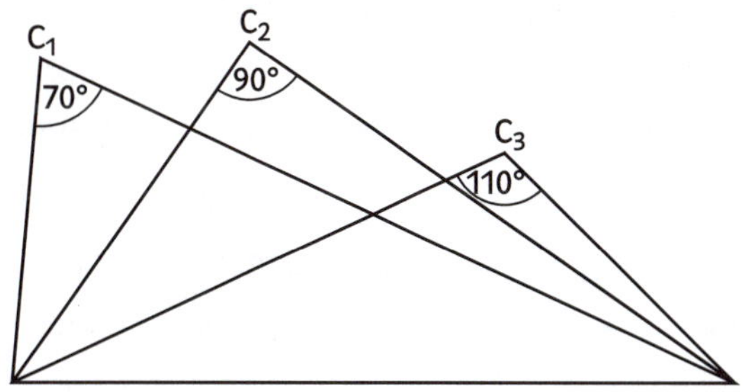

Ich habe hierfür
☐ den Satz des Thales
☐ die Umkehrung des Satzes des Thales
benötigt.

2 Markiere zunächst in der Planfigur die bekannten Stücke. Konstruiere dann das Dreieck.

a) $b = 6\,\text{cm}$;
$\beta = 90°$;
$h_b = 2\,\text{cm}$

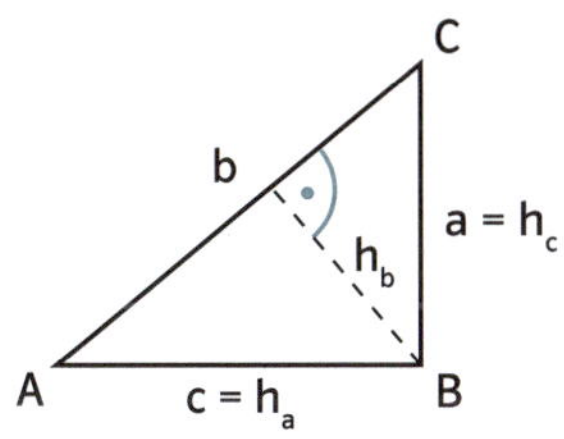

b) $c = 4{,}5\,\text{cm}$;
$\gamma = 90°$;
$h_c = 1{,}5\,\text{cm}$

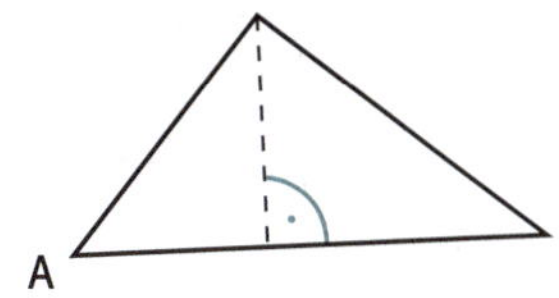

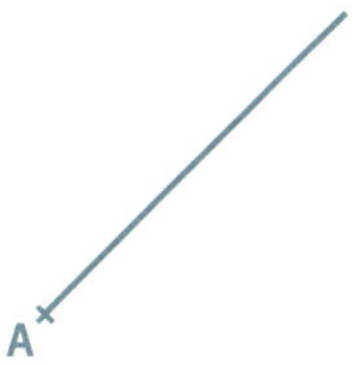

3 a) Zeichne das Dreieck ABC und konstruiere dabei die Punkte E und C. Die Strecke $\overline{AB}$ ist 4 cm lang. Berechne β und γ.

β = ______

γ = ______

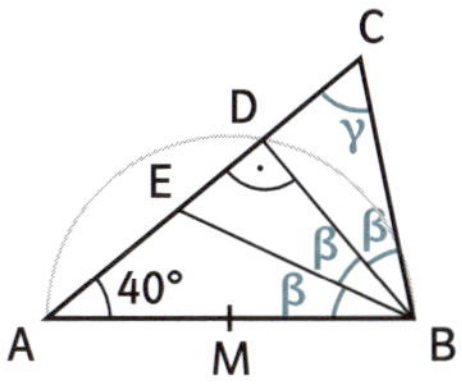

b) Berechne α. Konstruiere dann in Originalgröße.

α = ______

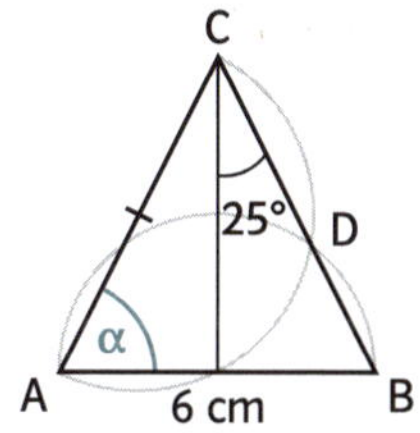

Fülle die Lücken. Löse dann die Beispielaufgaben.

Winkel an Geradenkreuzungen

Gegenüberliegende Winkel an Geradenkreuzungen nennt man ______________, diese sind gleich groß. Die benachbarten Winkel nennt man ______________. Sie ergänzen sich zu ______°. Stufenwinkel und Wechselwinkel an geschnittenen ______________ sind gleich groß.

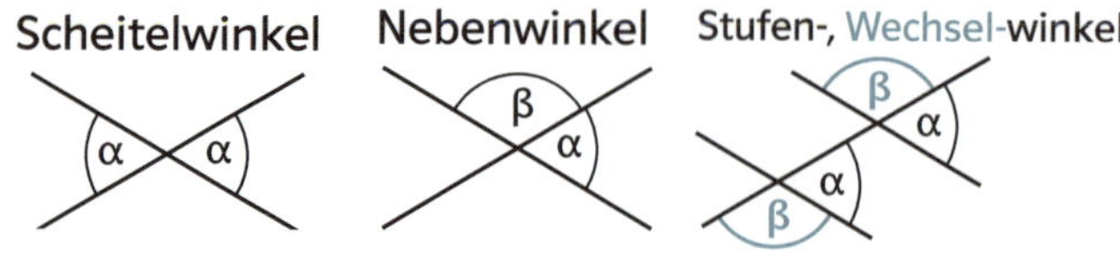

Winkelsummen

In einem Dreieck beträgt die ________ der drei Winkel 180°.

$\alpha + \beta + \gamma =$ ____° ____ $= 180° - (\alpha + \gamma)$

Die Winkelsumme in jedem Viereck beträgt ______°.

Also gilt $\alpha + \beta + \gamma + \delta =$ ______°.

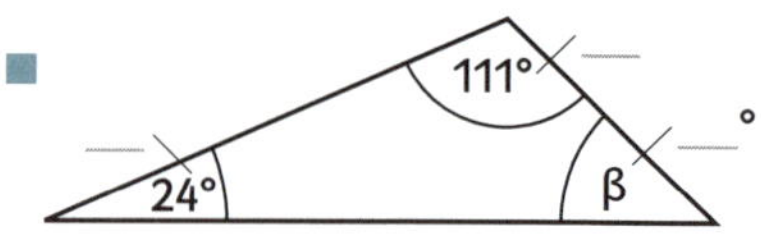

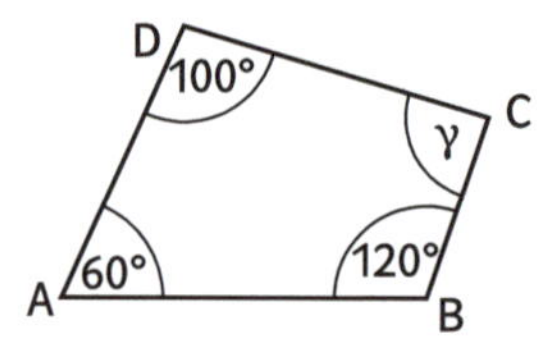

Mittelsenkrechte und Umkreis

Jeder Punkt der Mittelsenkrechten einer ______________ (z. B. $\overline{AB}$) hat den gleichen Abstand zu den Endpunkten der Strecke. Der Mittelpunkt des Umkreises eines Dreiecks ist der Schnittpunkt M der Mittelsenkrechten der Seiten des Dreiecks.

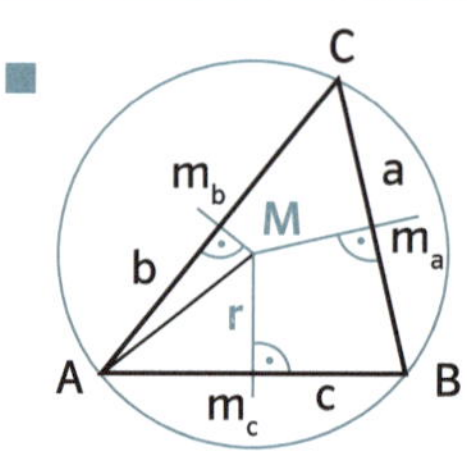

Winkelhalbierende und Inkreis

Jeder Punkt der Winkelhalbierenden eines Winkels (z. B. ∢ CAB) hat den gleichen Abstand zu den ______________ des Winkels. Der Mittelpunkt des Inkreises eines Dreiecks ist der Schnittpunkt W der Winkelhalbierenden der Winkel des Dreiecks.

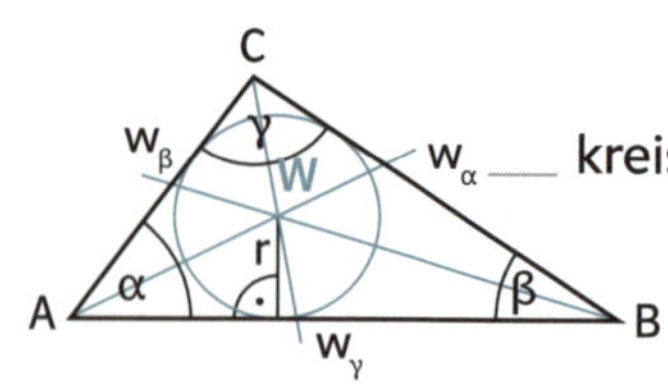

Höhen und Seitenhalbierende im Dreieck

In einem Dreieck nennt man jede ______________ Verbindung eines Eckpunktes mit der gegenüberliegenden Seite (oder deren Verlängerung) eine Höhe des Dreiecks. Die drei Höhen eines Dreiecks schneiden sich in ______________.
Die drei Seitenhalbierenden eines Dreiecks schneiden sich in einem Punkt. Dieser Punkt ist der ______________ des Dreiecks.

Zeichne die drei Höhen und die drei Seitenhalbierenden jeweils in derselben Farbe ein.

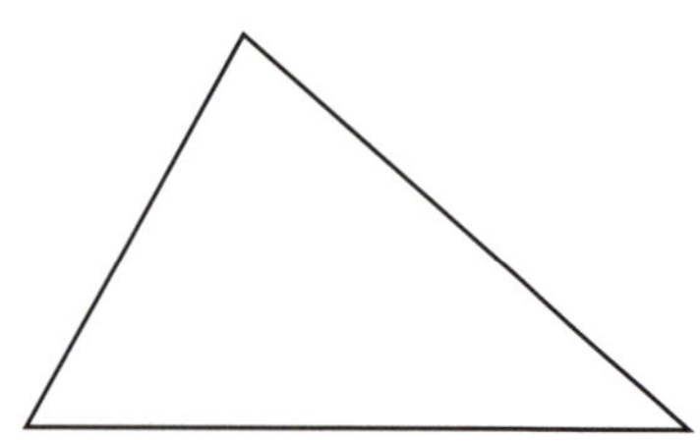

Satz des Thales

Der Kreis über dem Mittelpunkt einer Strecke heißt ______________. Verbindet man einen Punkt P, der auf diesem Kreis liegt, mit A und B, ergibt sich ein ______________.

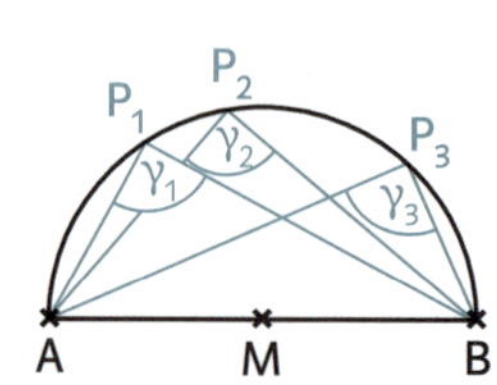

$\gamma_1 = \gamma_2 = \gamma_3 =$ ____°

Graphen von Zuordnungen

1 Der Tarif „Green Start" des Anbieters B3 bietet für 9,99 € im Monat ein Surf- und Telefonpaket. Surfen und die ersten Telefonate sind inbegriffen. Wenn der Nutzer mehr als 50 Minuten pro Monat telefoniert, zahlt er pro zusätzlicher Minute 0,29 €.

a) Ergänze die Tabelle für den monatlichen Rechnungsbetrag.

Gesprächszeit (in min)	0	10	50	60	100	200
Rechnungsbetrag (in €)						

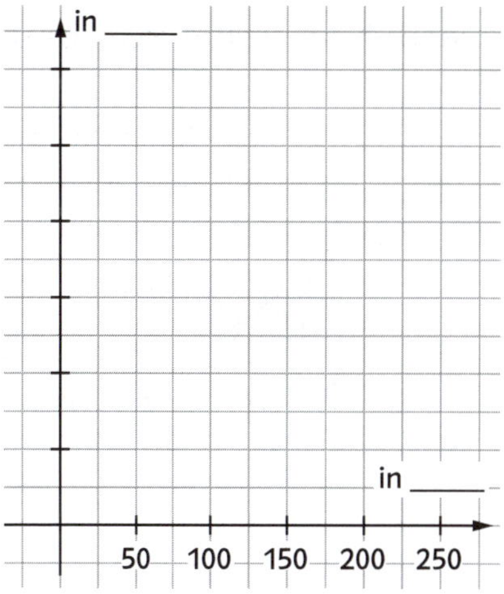

b) Zeichne den Graphen der Zuordnung *Gesprächszeit (in min) → Rechnungsbetrag (in €)* in das Koordinatensystem.

c) Wie viel müsste man bei 300 min Gesprächszeit im Monat bezahlen?

Berechne. ____________________

2 In dem Schaubild ist die Fahrt eines Zuges von Bad Harzburg nach Hannover grafisch dargestellt.

a) Erstelle aus diesem „grafischen Fahrplan" die entsprechende Fahrplanspalte.

Bad Harzburg	ab	
Goslar	an	
	ab	
Hildesheim	an	
	ab	
Hannover	an	

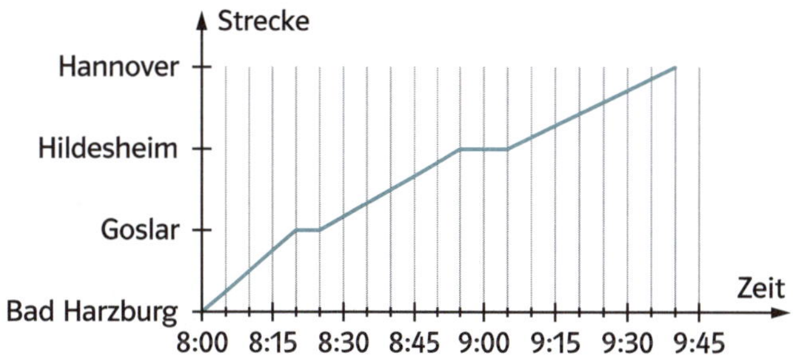

b) Wie lange hält der Zug in Goslar? ____________________

c) Wo hält der Zug am längsten? ____________________

d) Zwischen welchen Orten fährt der Zug am schnellsten? ____________________

3 Stell dir vor, in die abgebildeten Gefäße wird gleichmäßig Wasser eingefüllt. Die Schaubilder darunter zeigen, wie schnell der Wasserstand im Gefäß steigt. Ordne jedem Gefäß die passende Kurve zu.

a) ___ b) ___ c) ___ d) ___ e) ___ f) ___

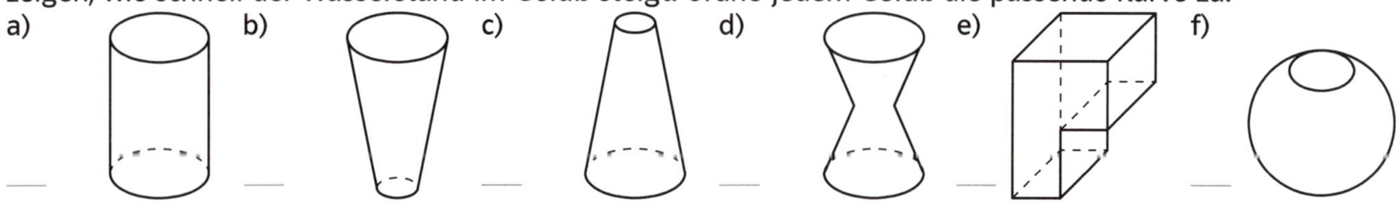

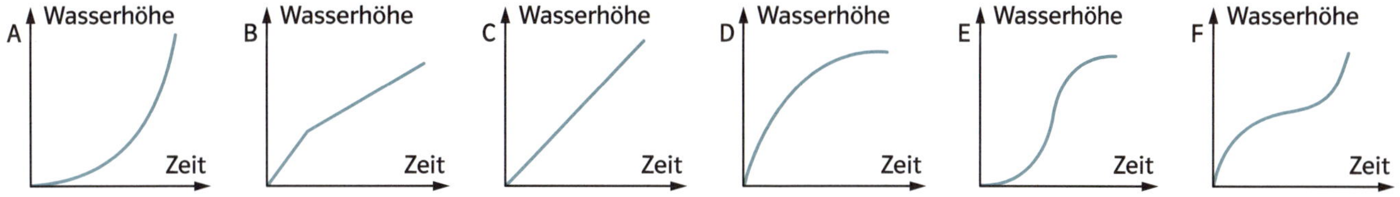

4 Das Schaubild zeigt dir die Fahrt mit dem Auto zur Schule. Beschreibe die Fahrt.

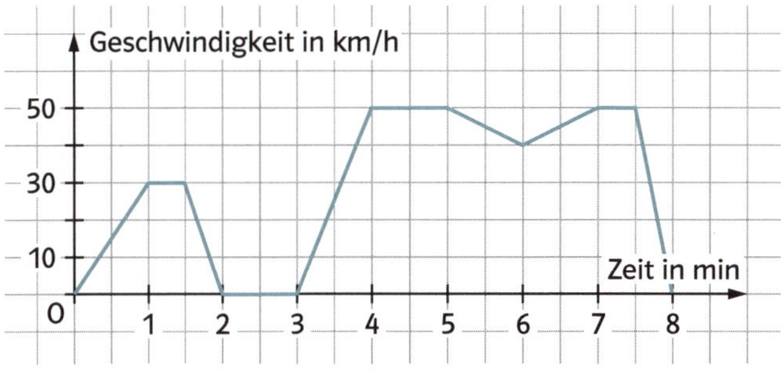

1 a) Beschreibe in Worten, wie sich die Größe des Winkels β in der Grafik links (des Winkels ε in der Grafik rechts) berechnen lässt, wenn die Winkelgröße von α (von γ) bekannt ist.

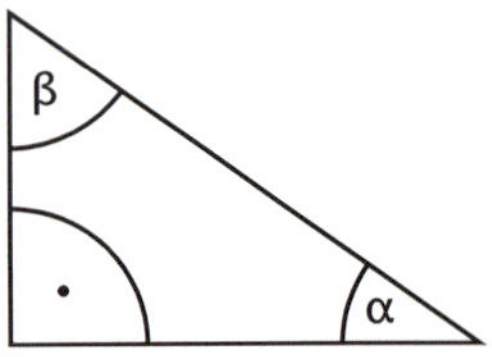

Man erhält β so: ______

______

______

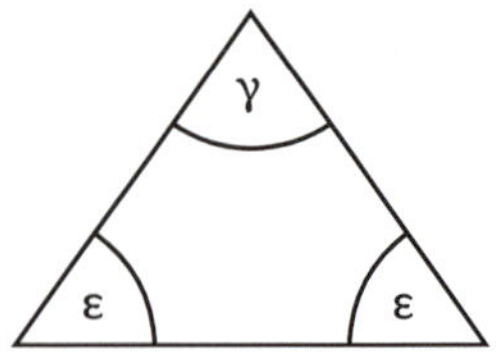

______

______

______

b) Gib für die Zuordnung *Winkelgröße von α (in °) → Winkelgröße von β (in °)* eine Zuordnungsvorschrift an. α → ______

Gib für die Zuordnung *Winkelgröße von γ (in °) → Winkelgröße von ____ (in °)* eine Zuordnungsvorschrift an. ____ → ______

c) Fülle mithilfe der Zuordnungsvorschrift die Wertetabelle aus.

α	10°	45°	60°	85°
β				

γ	20°	70°	100°	160°
ε				

2 Im Internet findet Julia eine Regel, mit der man die Körpergröße vorhersagen kann, wenn man die Unterarmlänge kennt. Die Regel lautet: „Multipliziere die Unterarmlänge in cm mit 4 und ziehe 13 cm ab, dann erhältst du die Körpergröße in cm."

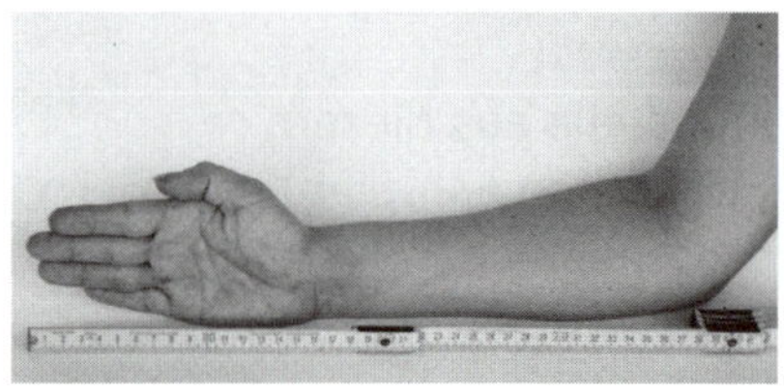

a) Gib für die Zuordnung *Unterarmlänge u → Körpergröße k* eine Zuordnungsvorschrift an: ______

b) Fülle die Tabelle für die Unterarmlängen von 32 bis 44 cm in 2-cm-Schritten aus. Trage zuletzt deine Unterarmlänge ein und berechne deine Körpergröße.

Unterarmlänge in cm								
Körpergröße in cm								

c) Gilt die Regel für jeden Menschen? Begründe. ______

______

3 Für eine bestimmte Figur betrachtet man die Zuordnung *Seitenlänge s (in cm) → Flächeninhalt A (in cm^2)*. Die Zuordnungsvorschrift lautet: $s \to 2 \cdot s^2$.

a) Vervollständige die Wertetabelle.

s in cm	1	2	3	4	5
A in cm^2					

b) Ergänze das Quadrat zu einer Figur, die zu der obigen Zuordnungsvorschrift passt.

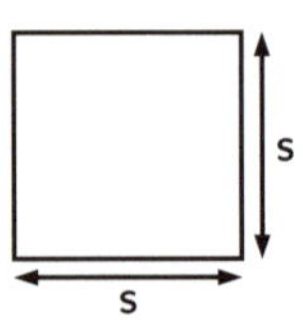

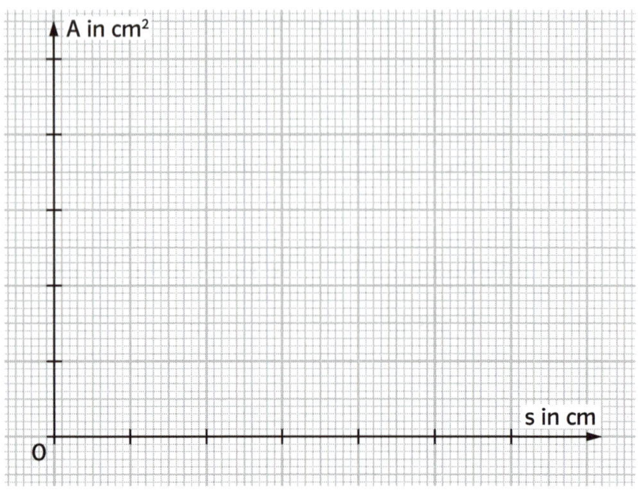

c) Zeichne den Graphen der Zuordnung.

Proportionale Zuordnungen (1)

1 Entscheide, ob die Je-mehr-desto-mehr-Zuordnung auch proportional ist. Begründe deine Antwort.

	Zuordnung	Proportional?	Begründung
a)	beim Kartoffelkauf im Supermarkt: *Gewicht (in kg) → Preis (in €)*		
b)	bei einem Storch: *Flugzeit (in h) → Flugstrecke (in km)*		
c)	bei Tapetenrollen: *Anzahl (in Rollen) → Gewicht (in kg)*		
d)	bei Packungen von Taschentüchern: *Päckchenanzahl → Preis (in €)*		

2 Lucie bekommt für 3 Stunden Babysitting 12 €.

a) Die Zuordnung *Arbeitszeit (in h) → Lohn (______)* ist proportional, weil ________________

____

b) Bestimme den Proportionalitätsfaktor.

____

Das bedeutet: Jede Stunde ________________

c) Ergänze die Tabelle.

$\cdot 2$

	1	2	3	4	5
			12		

d) Zeichne den Graphen der Zuordnung.

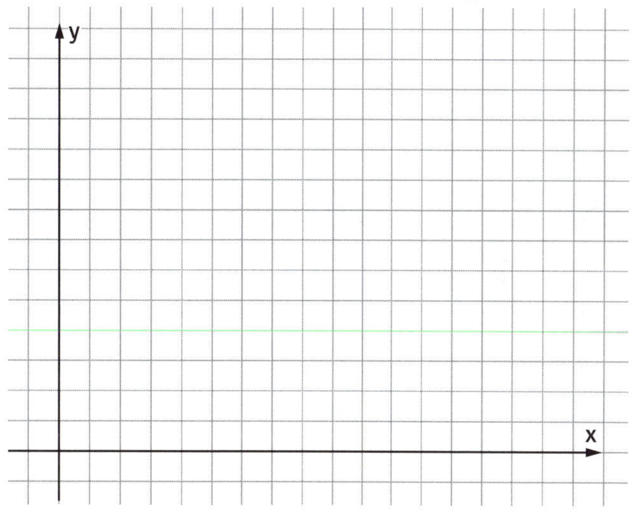

3 Anna und Peter sollen entscheiden, ob die Tabelle eine proportionale Zuordnung darstellt. Sie begründen ihre Entscheidung auch.

Anzahl	4	8	10	12	16
Gewicht in g	80	160	210	240	340

Anna: „Die Zuordnung ist proportional. Wenn sich die Anzahl verdoppelt $(2 \cdot 4 = 8)$, verdoppelt sich auch das Gewicht $(2 \cdot 80 = 160)$."

Peter: „Sie ist proportional, da der Quotient gleich ist: $\frac{160}{8} = 20$ und $\frac{240}{12} = 20$"

Sabine widerspricht den beiden und argumentiert so: ________________

____

____

4 Die Tabellen stellen proportionale Zuordnungen dar, aber in der unteren Tabellenzeile haben sich Fehler eingeschlichen. Finde und verbessere sie.

a)

Nachhilfe in h	1	3	6	10
Preis in €	6	18	30	62

b)

Anzahl Bleistifte	4	6	8	12
Preis in €	1,5	1,8	2,5	3,6

c)

Weg in km	6	10	15	18
Zeit in min	15	25	40	50

d)

Volumen in l	2	10	15	18
Fülldauer in s	6	15	22	27

e)

Anzahl Stufen	6	10	15	20
Höhe in m	1,08	1,8	2,7	3,78

B | 3,6   F | 2,3   E | 60   L | 36   S | 37,5   S | 33   A | 22,5   L | 45   L | 3   P | 2,4   S | 42   U | 19   I | 1,2

Lösungswort:

_ _ _ _ _ _ _ _ _ (Rückwärts lesen!)

Proportionale Zuordnungen (2)

1 a) Auf welchen Sachverhalt könnte sich die proportionale Zuordnung beziehen? Ordne die Begriffe der Kärtchen den Tabellen zu und ergänze die fehlenden Werte.

Anzahl der Eiskugeln | **Anzahl der Schokoladentafeln** | **Grundstücksgröße (in m^2)**

	Gewicht (in g)
0	
1	100
5	

	Preis (in €)
1	
2	
3	2,40

	Preis (in €)
500	55 000
600	
700	

b) Bestimme den Proportionalitätsfaktor und gib eine Zuordnungsvorschrift an.

______________ ______________ ______________

x → ______________ ______________ ______________

2 Nicole will ihr Mountainbike an der Tankstelle aufpumpen. Auf ihrem Reifen ist ein geeigneter Luftdruck von 35 – 65 psi (engl. Einheit) angegeben. Das Luftdruckprüfgerät zeigt den Luftdruck aber in bar an. Allerdings gibt es den Hinweis: 26 psi = 1,8 bar.

Die Einheit psi steht für „pounds per square inch".

a) Trage das Wertepaar in das Koordinatensystem ein und zeichne den Graphen der proportionalen Zuordnung.

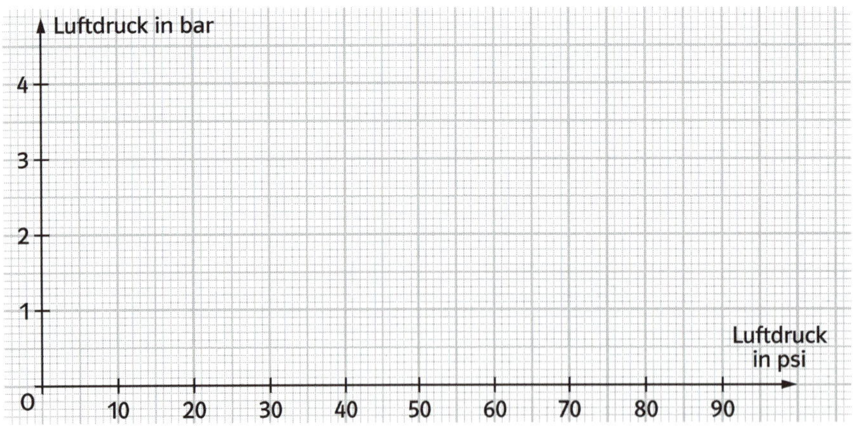

b) Gib den für Nicoles Reifen geeigneten Luftdruck in bar an. ________

c) Nicoles Vater prüft vor dem Urlaub den Reifendruck seines Autos.

Das Prüfgerät gibt 2,2 bar an. Lies ab, wie viel dies in psi ist. ________

Beachte: Die Gerade einer proportionalen Zuordnung verläuft immer durch den Koordinatenursprung.

3 Je nach gewähltem Verkehrsmittel kann man eine Strecke unterschiedlich schnell zurücklegen. Die Graphen zeigen die Unterschiede.

a) Welche Strecke haben die drei Personen nach zwei Stunden zurückgelegt? M: R: F:

b) Gib den Proportionalitätsfaktor der Zuordnung ________ → ________ für alle drei Fortbewegungsarten an. M: R: F:

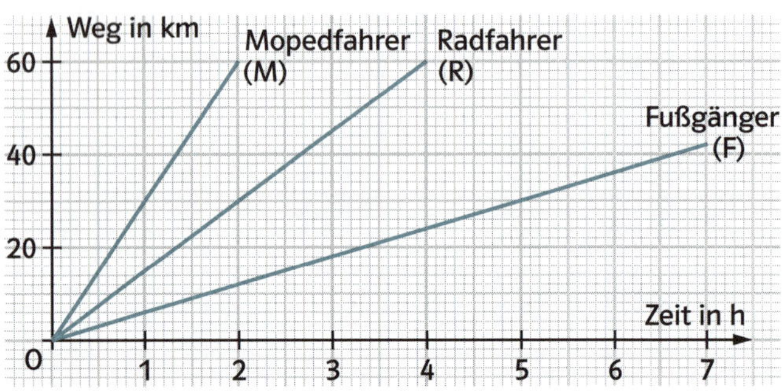

c) Wie lange braucht der Fußgänger für die Strecke, die der Radfahrer in 2 h zurücklegt? ________

d) Wie viele Kilometer fährt der Radfahrer in der Zeit, in der der Mopedfahrer 30 km gefahren ist? ________

Antiproportionale Zuordnungen

1 Ein Lottogewinn von 120 000 € soll gleichmäßig in einer Tippgemeinschaft aufgeteilt werden.
a) Die Zuordnung *Anzahl der Personen in der Tippgemeinschaft → Gewinn pro Person (in €)* ist antiproportional, weil bei doppelter/dreifacher Personenanzahl jeder ______________________.
b) Ergänze die Tabelle und verdeutliche deine Rechnungen.

Anzahl der Personen	Gewinn pro Person (in €)
1	
2	
4	
6	
10	

c) Gib die Zuordnungsvorschrift an. x → ________
d) Zeichne den Graphen. Beschrifte zuerst die Achsen des Koordinatensystems.

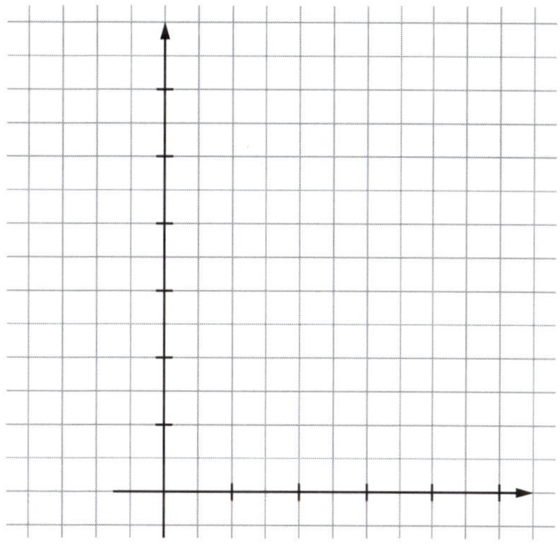

2 Entscheide, ob die Zuordnung antiproportional ist. Gib soweit nötig eine Voraussetzung dafür an.

	Zuordnung	Antiproportional?	Voraussetzung
a)	Für einen Ausflug wird ein Bus gechartert. *Personenanzahl → Kosten pro Person (in €)*		
b)	Es wird 1 kg Vogelfutter gekauft. *Anzahl der Vögel → Anzahl der Tage*		Die Vögel müssen alle gleich __________.
c)	Aus 5 kg Erdbeeren wird Marmelade gekocht. *Größe der Gläser → Anzahl der Gläser*		

3 Vervollständige die Tabellen der antiproportionalen Zuordnungen. Die Kärtchen mit den richtigen Lösungen ergeben in der Reihenfolge ein Lösungswort.

Anzahl der Spieler	2		4	6		9
Anzahl der Karten	36	24		12	9	

Geschwindigkeit (in km/h)			12	18	20	24
Zeit für bestimmte Wegstrecke (in h)	30	20	10		6	

Teilnehmerzahl beim Zeltlager		20		50	60	80
Lebensmittel reichen … Tage	84	42	28		14	

N | $10\frac{1}{2}$ A | 7   S | 3   L | 5   E | 4   B | $6\frac{2}{3}$ T | $6\frac{1}{3}$ O | 18   M | 30   I | 21   C | 20   E | $16\frac{4}{5}$ N | 8   U | 10   N | 6   N | 8

Lösungswort: __ __ __ __ __ __ __ __ __ __ __ __

4 a) Ein Rechteck soll den Umfang 16 cm haben. Fülle die Tabelle aus.

Länge (in cm)	1	2	3	4	5	6	7
Breite (in cm)							

b) Ist die Zuordnung *Länge des Rechtecks → Breite des Rechtecks* antiproportional? Begründe deine Antwort. ______________________

5 Die beiden Tabellen gehören jeweils zu einer antiproportionalen Zuordnung. Finde die beiden Fehler und korrigiere sie.

a)

x	3	9	12	18	22
y	12	4	3	2	1,5

b)

x	5	10	15	20	45
y	3,6	1,8	1,2	0,8	0,4

Drei Werte sind gegeben – Dreisatz (1)

1 Die Tabelle gehört zu einer proportionalen Zuordnung. Wähle einen geeigneten Zwischenschritt für die Berechnung und fülle die Lücken. Ordne die Tabellen den passenden Zuordnungen zu.

a)

Anzahl	g
12	3000 g
15	

b)

km	h
390 km	6 h
	10 h

c)

m^2	€
105 m^2	577,50 €
75 m^2	

d)

ha	t
30	900
100	

- *Größe einer Apfelplantage → Apfelertrag*
- *Fahrstrecke → Fahrzeit*
- *Laufstrecke → Laufzeit*
- *Wohnfläche → Miete*
- *Anzahl an Mehlpaketen → Gewicht*
- *Anzahl der Butterstücke → Gewicht*

2 Die Tabelle gehört zu einer antiproportionalen Zuordnung. Fülle die Lücken. Die richtigen Tabellenwerte ergeben in der Reihenfolge ein Lösungswort.

a) Baustelle

Planier-raupen	Arbeitszeit (in h)
5	20
4	

b) Fruchtsaft

Packungs-inhalt (in l)	Packungen
1,5	650
2	

c) Tulpensträuße

Sträuße	Tulpen pro Strauß
8	15
	10

d) Parkgestaltung

Gärtner	Arbeits-tage
14	18
8	

P | 25 S | 126 E | 2 T | 31,5 E | 0,5 R | 1950 P | 120 L | 60

U | 100 L | 30 S | 1 G | 487,5 U | 975 E | 2 E | 4 O | 12

Lösungswort: _ _ _ _ _ _ _ _ _ _ _ _ _ _ !

3 Zum Kochen von Konfitüre benötigt man das gewünschte Obst und Gelierzucker. Claudia möchte mithilfe der Tabelle zwei Fragen zu einer Erdbeer-Orangen-Konfitüre beantworten und hat dafür die notwendigen Zwischenschritte geplant. Stelle die Fragen und beantworte sie mithilfe der vollständigen Tabelle.

Erdbeeren	Gelierzucker
750 g	1 kg
250 g	
1 kg	
	500 g
	1,5 kg

(Zwischenschritte: Erdbeeren : 3, · 4; Gelierzucker : 2, · 3)

a) Die Zuordnung *Gewicht der Erdbeeren (in g)* *→ Gewicht des Gelierzuckers (in g)* ist ____________,

da ______________________________

____

b) Notiere die Fragen, die Claudia sich gestellt haben könnte, und beantworte sie mithilfe der vollständigen Tabelle.

Frage 1: ______________________________

Antwort 1: ______________________________

Frage 2: ______________________________

Antwort 2: ______________________________

1 Pizza wird mit Hefeteig gemacht. Für fünf Bleche Pizza braucht man 100 g Hefe. Wie viel Hefe benötigt man für sieben Bleche?
Löse mithilfe der Tabelle.

Pizzableche	Hefe (in g)

Antwort: ______________________________

2 Für das Verlegen des Rollrasens in einem Fußballstadion benötigen zwei Spezialmaschinen etwa $2\frac{1}{4}$ Arbeitstage à 8 Stunden. Wie viel Zeit wird eingespart, wenn eine weitere Maschine desselben Typs eingesetzt wird?

Antwort: ______________________________

3 Für die Berechnung der zulässigen Personenzahl in einem Aufzug geht man von einem Durchschnittsgewicht von 80 kg pro Person aus. Der Aufzug eines Hotels ist für 13 Personen zugelassen.

a) Wie viele Kinder mit einem Gewicht von 45 kg könnten mitfahren? ________

b) Wie schwer dürfen die Mitfahrer im Durchschnitt sein, wenn 14 Personen mitfahren wollen? ________

4 Handelt es sich um eine proportionale oder antiproportionale Zuordnung oder um keine von beiden? Notiere gegebenenfalls den Dreisatz.

a) Aus 900 kg Hartweizen werden 300 000 Spaghetti hergestellt.
Wie viel Hartweizen braucht man für 400 000 Spaghetti?
☐ proportional ☐ antiproportional ☐ weder/noch

Antwort: ______________________________

b) Die 300 000 produzierten Spaghetti haben eine Länge von 30 cm.
Wie viele Spaghetti der Länge 50 cm können produziert werden?
☐ proportional ☐ antiproportional ☐ weder/noch

Antwort: ______________________________

c) 200 g Spaghetti sind in 8 Minuten gekocht.
Wie lange dauert es bei 300 g Spaghetti?
☐ proportional ☐ antiproportional ☐ weder/noch

Antwort: ______________________________

d) Die Spaghetti-Fabrik produziert 5600 Packungen mit je 250 g.
Wie viele Packungen à 1 kg könnten stattdessen hergestellt werden?
☐ proportional ☐ antiproportional ☐ weder/noch

Antwort: ______________________________

e) Ein Langstreckenläufer benötigt für 3000 m etwa 9 Minuten.
Wie lange braucht er für 10 000 m?
☐ proportional ☐ antiproportional ☐ weder/noch

Antwort: ______________________________

Merkzettel Zuordnungen

Fülle die Lücken mit den folgenden Wörtern und Zahlen:

120 | antiproportionalen | Quotient | 3 | proportionalen | Geraden | 6 | Produkt | y | Tabelle | 12 | x

Darstellung einer Zuordnung

Eine Zuordnung kann durch einen Text, eine Grafik, eine ______________ oder mithilfe von Pfeilen dargestellt werden.
Angabe einer Zuordnung: *Ausgangswerte (Einheit) → zugeordnete Werte (Einheit)*

Angabe der Zuordnung:

Uhrzeit	6	8	10	12
Verbrauch in m³/h	1900	2900	2800	3100

Uhrzeit → Wasserverbrauch (in m³/h)

Graph einer Zuordnung

Den Graph einer Zuordnung erhält man durch Eintragen der Wertepaare als Punkte im Koordinatensystem. Die Ausgangswerte werden auf der ____-Achse, die zugeordneten Werte auf der ____-Achse abgetragen. Wenn es auch die Zwischenwerte gibt, werden die Punkte verbunden.

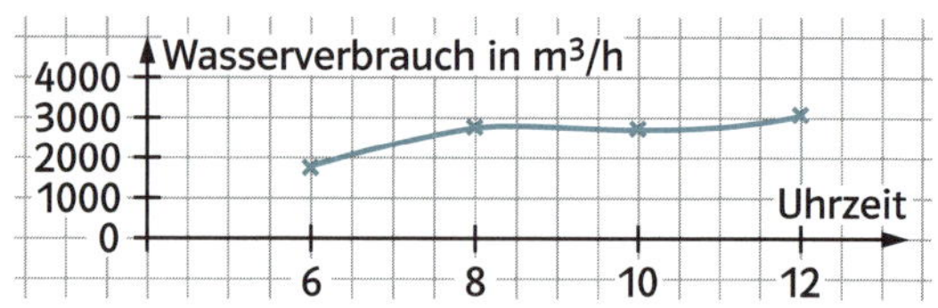

Proportionale Zuordnung

Eine Zuordnung heißt proportional, wenn dem Zwei-, Drei-, ... fachen des Ausgangswertes das Zwei-, Drei-, ... fache des zugeordneten Werts zugeordnet wird. Der ______________ aus zugeordnetem Wert und Ausgangswert ist immer gleich und heißt Proportionalitätsfaktor k.
Für die Zuordnungsvorschrift gilt: $x \to k \cdot x$.
Alle Punkte des Graphen liegen auf einer ______________ durch den Ursprung (0 | 0).

x	0	2	4	6	8
y	0	6	12	18	24

(· 2 von 2 nach 4; · 2 von 6 nach 12)

Für alle Wertepaare gilt:
$y : x = 3$
$x \to$ ____ $\cdot x$

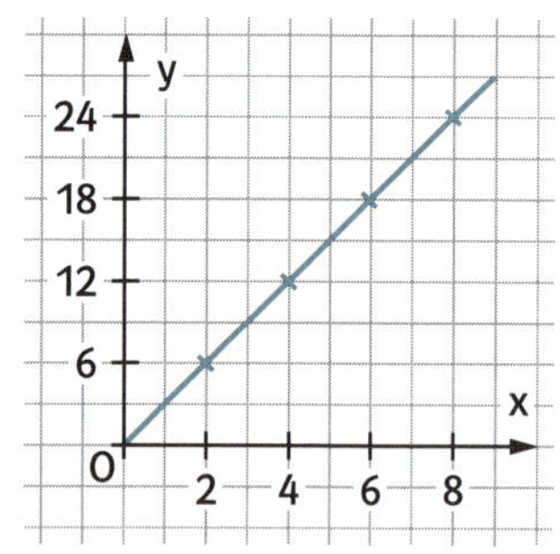

Antiproportionale Zuordnung

Eine Zuordnung heißt antiproportional, wenn dem Zwei-, Drei-, ... fachen des Ausgangswertes das $\frac{1}{2}$-, $\frac{1}{3}$-, ... fache des zugeordneten Werts zugeordnet wird. Das ______________ p aus den Werten jedes Wertepaares ist immer gleich.
Für die Zuordnungsvorschrift gilt: $x \to \frac{p}{x}$.

x	120	60	30	15	7,5
y	1	2	4	8	16

(· 2 von 60 nach 120; $\cdot \frac{1}{2}$ von 2 nach 1)

Für alle Wertepaare gilt:
$x \cdot y = 120$; $x \to \frac{\square}{x}$

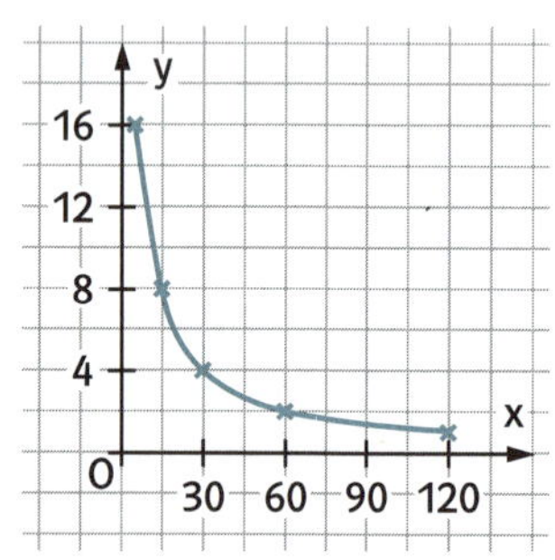

Dreisatz

Bei proportionalen und antiproportionalen Zuordnungen lässt sich der gesuchte Wert bei drei gegebenen Werten mithilfe eines Zwischenschritts in der Wertetabelle berechnen. Dabei rechnet man bei

a) ______________________ Zuordnungen auf beiden Seiten gleich;

b) ______________________ Zuordnungen auf beiden Seiten entgegengesetzt, also wird statt Multiplikation dann Division angewandt.

	Anzahl Blöcke	Preis in €	
: 15	15	27	: 15
· 4	1	1,80	· 4
	4	7,20	

	Anzahl der Lastwagen	Fahrten pro Lastwagen	
: 3	6	4	· 3
· 2	2		: 2
	4		

1 Entscheide zunächst, ob die Aussage wahr oder falsch ist. Gib anschließend für jede wahre Aussage ein Beispiel und für jede falsche Aussage ein Gegenbeispiel an.

a) Negative ganze Zahlen lassen sich nicht als Bruchzahlen schreiben.

b) Jede Bruchzahl kann in eine Dezimalzahl umgewandelt werden.

c) Die Zahl 0 lässt sich als Dezimalzahl, nicht aber als Bruchzahl schreiben.

d) Es gibt ein Kommutativgesetz für die Subtraktion.

2 Peter eröffnet am 1. Juni ein Sparkonto und zahlt an diesem Tag 480 € ein. Er berechnet, wie viel Zinsen er bei einem Zinssatz von 1,5% am Ende des gleichen Jahres gutgeschrieben bekommt. Ergänze.

1. Schritt: Berechnung der Jahreszinsen Z mit der Formel $Z = K \cdot$

2. Schritt: Vom 1. Juni bis 31. Dezember sind es insgesamt ____ Zinstage.

3. Schritt: Berechnung der Tageszinsen mit der Formel. $Z_t =$

3 Bestimme jeweils die fehlenden Größen des Parallelogramms.

	a	b	h_a	h_b	A
a)	4,5 cm	5 cm	3,8 cm		
b)	20 m				18 a
c)	2,85 m		1,6 m		

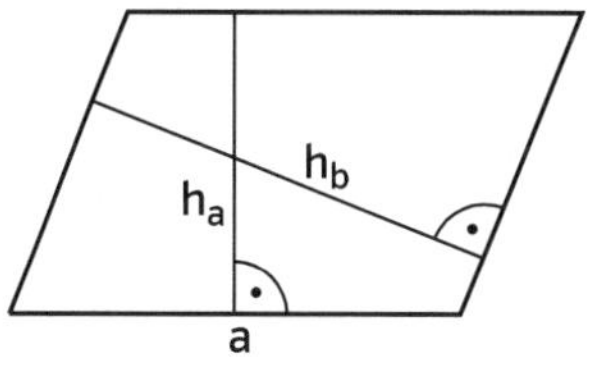

4 Bestimme den Flächeninhalt der Figuren durch geschickte Zerlegung in Teilflächen. Zeichne diese ein und notiere die Flächeninhalte der Teilflächen in der Zeichnung.

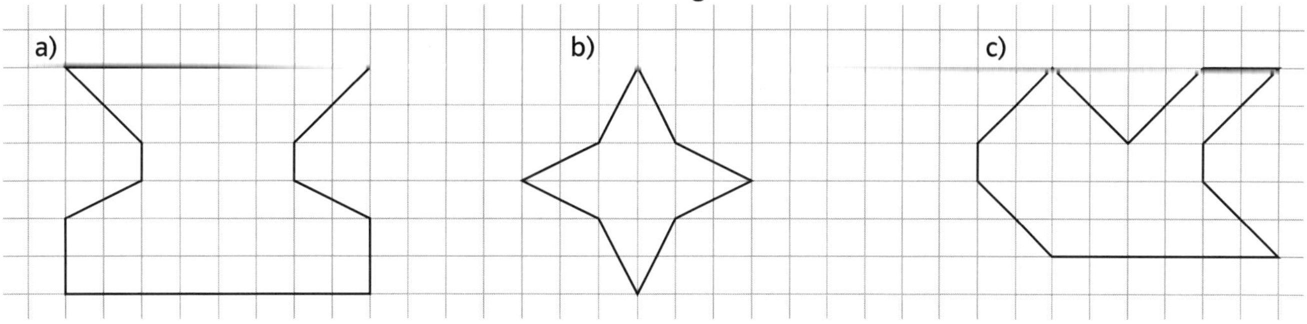

A = ____ A = ____ A = ____

5 Zeichne den angegebenen Kreisausschnitt ein und berechne seine Bogenlänge und Fläche für r = 2 cm.

Kreisausschnitt

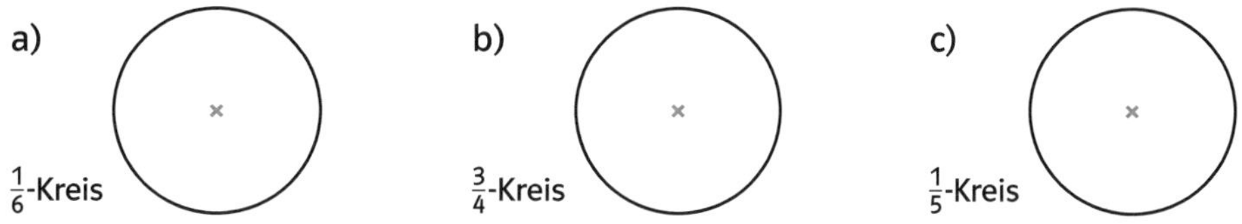

Bogenlänge ≈ ____ ≈ ____ ≈ ____

Fläche Kreisausschnitt ≈ ____ ≈ ____ ≈ ____

6 Ordne die Aussagen den Termen zu. Du erhältst ein Lösungswort: _ _ _ _ _

a) Eine bestimmte Menge Limonade wird auf fünf Kinder aufgeteilt. ____________

b) Sarah lief drei hundertstel Sekunden schneller als ihre Freundin. ____________

c) Manuel hat fünf Euro verloren. ____________

d) Ein Drittel der Strecke ist zurückgelegt. ____________

e) Die Hälfte einer Zahl wird um 4 vermehrt. ____________

$x : 2 + 4$ | E $x - \frac{100}{3}$ | M $s - 5$ | U $x : 7$ | T $s : 5$ | P $x - \frac{3}{100}$ | A $2 \cdot y - 2$ | R $s : 3$ | S

7 Berechne die Variable durch Äquivalenzumformungen. Die Summe aller Lösungen ergibt 6,1.

a) $x \cdot 2 + 3 = 14{,}2$ | -3
$x \cdot 2 = 11{,}2$ | $:2$
$x = 5{,}6$

b) $\frac{1}{3}x + \frac{1}{3} = \frac{2}{3}$ | ____
____________ | ____
x = ____

c) $-3x + 32 = 20$ | ____
____________ | ____
x = ____

d) $3 - (2x + 1) = 20$ | ____
____________ | ____
____________ | ____
x = ____

e) $0{,}5x \cdot 3 + x = \frac{1}{2}x + 6$ | ____
____________ | ____
____________ | ____
x = ____

f) $-2x + 2 = (x - 2) \cdot 2$ | ____
____________ | ____
____________ | ____
x = ____

8 Bestimme die Lösungsmenge der Ungleichung. Stelle sie an der Zahlengeraden dar.

a) $2x + 5 < 7$

b) $-9y - 9 \geqq 90$

c) $9 - 8a > -47$

9 Trage die Wahrscheinlichkeit für einen Gewinn (blaues Feld) jeweils unter dem Glücksrad ein.

a)
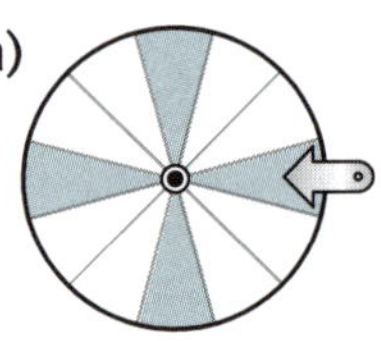
____

b)
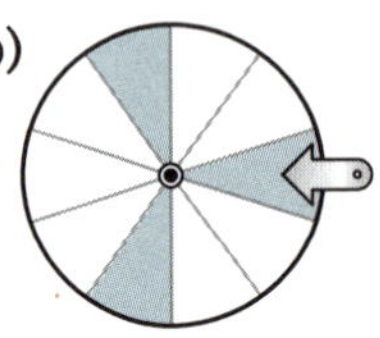
____

c)
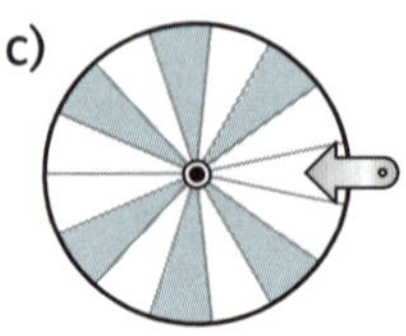
____

d) Ich würde das Glücksrad ____ drehen, da ____________

10 Bestimme jeweils die Wahrscheinlichkeit, gib als gekürzten Bruch, als Dezimalbruch und in Prozent an.

Wahrscheinlichkeit	Bruch	Dezimalbruch	Prozent
a) eine schwarze Kugel zu ziehen			
b) eine gerade Zahl zu ziehen			
c) die Zahl Fünf zu ziehen			
d) eine ungerade Zahl zu ziehen			

11 Bestimme alle fehlenden Winkel.

α = ______________

β = ______________

γ = ______________

δ = ______________

g || h und i || j

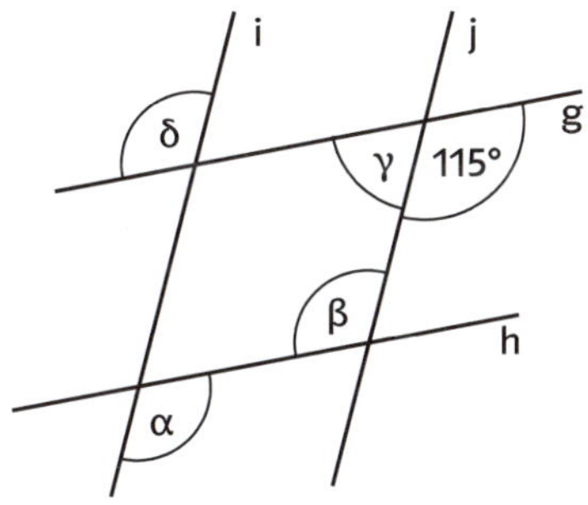

12 Bestimme die farbig markierten Winkel.

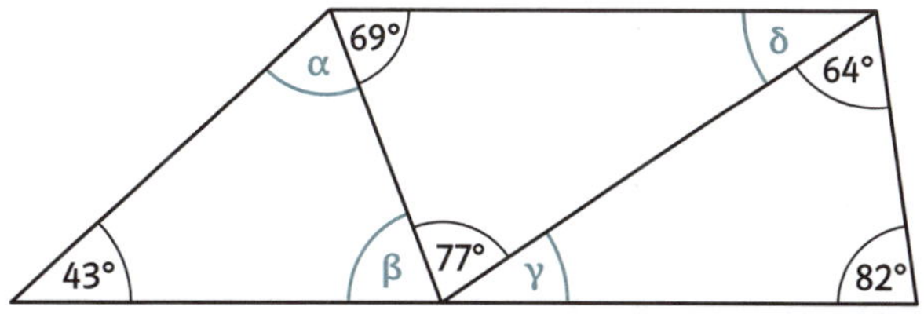

α = ______ β = ______ γ = ______ δ = ______

13 Elfriede und Stefanie sind gute Freundinnen.

Sie wohnen beide nebeneinander an der Baumallee. Elfriedes Vater ist Mathematiklehrer und hat eine Überraschung für die beiden versteckt. Er verrät nur, dass der Ort des Verstecks von beiden Häusern gleich weit entfernt ist. Zugleich gilt noch, dass der Ort von beiden Teilstücken der Baumallee gleich weit entfernt ist.
Wo liegt das Versteck? Konstruiere den Punkt.
Wie weit ist es von den Häusern entfernt?

______________ m

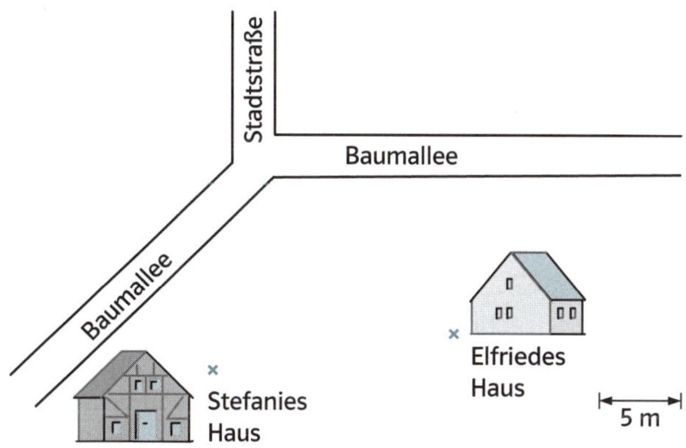

14 Die Schaubilder gehören zu verschiedenen Sportarten. Ordne jedem Schaubild zwei Aussagen zu.

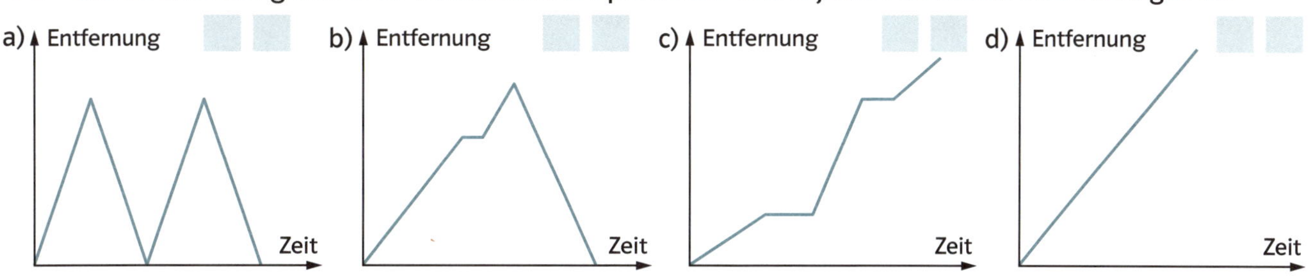

A Der Sportler legt (genau) eine Pause ein.

B Der Sportler bewegt sich mit konstanter Geschwindigkeit.

C Der Sportler kehrt zweimal zum Ausgangspunkt zurück.

D Der Sportler kommt zum Start zurück.

E Er bewegt sich mit drei verschiedenen Geschwindigkeiten.

F Die Entfernung vom Start wird immer größer.

15 Entscheide, ob die Zuordnungen proportional oder antiproportional sind. Berechne dann.

a) Wenn ein Gewinn an acht Personen ausgezahlt wird, erhält jeder 4130 €. Wenn der Gewinn nur an sieben Mitspieler ausgezahlt wird, bekommt jeder

______________ €. Der Gesamtgewinn beträgt

______________ €. Die Zuordnung

ist ______________________________.

b) Robert fährt mit seinem Auto in den Urlaub. Er fährt insgesamt 263 km. Für die ersten 150 km braucht er 80 Minuten. Wenn er dieses Tempo beibehält, schafft er die gesamte Strecke in insgesamt

______________________.

Die Zuordnung ist ______________________.

Die Seitenangaben in Schwarz verweisen auf die Lerneinheit, die in Blau auf den Merkzettel.